电子技术一体化教程

主 编　王文军　张思金　罗　忠
副主编　肖　萍　万义星

北京理工大学出版社
BEIJING INSTITUTE OF TECHNOLOGY PRESS

版权专有　侵权必究

图书在版编目（CIP）数据

电子技术一体化教程/王文军，张思金，罗忠主编 .—北京：北京理工大学出版社，2023.1重印

ISBN 978-7-5640-8611-4

Ⅰ. ①电…　Ⅱ. ①王…　②张…　③罗…　Ⅲ. ①电子技术-中等专业学校-教材　Ⅳ. ①TN

中国版本图书馆 CIP 数据核字（2013）第285422号

出版发行 / 北京理工大学出版社有限责任公司	
社　　址 / 北京市海淀区中关村南大街5号	
邮　　编 / 100081	
电　　话 / （010）68914775（总编室）	
（010）82562903（教材售后服务热线）	
（010）68944723（其他图书服务热线）	
网　　址 / http：//www.bitpress.com.cn	
经　　销 / 全国各地新华书店	
印　　刷 / 定州市新华印刷有限公司	
开　　本 / 787毫米×1092毫米　1/16	
印　　张 / 17.75	责任编辑 / 陈莉华
字　　数 / 416千字	文案编辑 / 陈莉华
版　　次 / 2023年1月第1版第4次印刷	责任校对 / 周瑞红
定　　价 / 38.00元	责任印制 / 边心超

图书出现印装质量问题，请拨打售后服务热线，本社负责调换

前　　言

　　职业教育的目标是为企业培养合格的技能人才，而使用什么样的教材培养职业院校的学生，一直是我们积极探索的目标。

　　为了更好地做到在教学中使学生"一教就懂，一学就会，一做就成"，并且做到所学知识实用，符合学生的知识、能力水平以及职业岗位的需求，我们编写了这本教材。在编写中我们始终贯彻"做、学、教"一体化教学模式的指导思想，运用项目教学法编制教学项目，针对职业学生的实际情况，即针对学生的心理、个性爱好、学习能力等不同特点，在本书教学内容安排上应用了能够看得到、听得见的电子电路制作项目，使得学习过程生动、有趣、实用，能够调动学生学习的积极性，让学生在轻松愉快的心情中学习理论和实践技能。

　　本教材的特点如下：

　　（1）本教材由13个项目构成，以任务驱动模式完成项目。

　　（2）项目融合了电子技术基础的理论知识和技能。理论内容覆盖了模拟电子电路、数字与脉冲电路的大部分基础知识；实践技能的训练包括了电子产品工艺的大多数内容，Protel DXP 2004制板软件及电子测量仪器的应用内容。

　　（3）项目内容从易到难，由浅入深；技能训练从简单到复杂。项目与项目之间的理论知识和技能训练环环相扣，使得理论知识和技能训练比较系统。

　　（4）理论与实践教学一体化，注重培养学生学习方法和自主学习能力，课后安排了大量的练习以加强知识和技能的学习。

　　（5）教材中不仅安排了普通元器件的知识，而且增加了贴片元件的知识；不仅可训练焊接、装配技能，并且可通过电路调试过程学习仪器、工具的使用；不仅重视技能的训练，而且重视理论知识的学习；不仅强调书本知识的学习而且注重课外知识的学习。

　　（6）项目中的电路由市场常见元器件构成，其中项目九至项目十三市场上均有套件购买，价格便宜，采购方便，易于实现。

　　教材中的项目完成对技能的要求较高，实施教学的基本要求如下：

（1）教师应具备双师型教师资格，能够及时解决实践教学出现的问题，引导教学顺利进行。

（2）实践场所应具备一定规模，仪器工具齐全。

（3）配置有足够电脑的机房。

本教材针对职业院校的学生，也可以满足电子爱好者的自学。对于中职院校，建议教学分为上、下两个学期学习，对于有一定基础的学生教学可以灵活掌握。教学中要注意知识的系统和连贯性，使学生学习的知识和技能尽量全面。

本教材由王文军、张思金、罗忠担任主编，肖萍、万义星担任副主编。王文军负责编撰项目十一到项目十三，张思金负责编撰项目五、项目十，罗忠负责编撰项目一、项目二，肖萍负责编撰项目六、项目七、项目九，万义星负责编撰项目三、项目四、项目八。王文军、肖萍编写了全书的练习题。

由于我们的能力和水平所限，书中定有疏漏、欠妥和错误之处。恳请读者多加指正，以便今后改进。编写过程得到了各级领导以及同事的大力支持，在此深表谢意。

编　者

目 录

项目一　用万用表测量电压、电阻、电容 ……………………………………… 1

  任务一　用数字万用表测量直流电压 ………………………………………… 1

    数字万用表 ……………………………………………………………………… 2

    直流电压和交流电压 …………………………………………………………… 3

    用数字万用表测量直流电压 …………………………………………………… 4

  任务二　识读与检测色环电阻器 ……………………………………………… 6

    电阻器 …………………………………………………………………………… 6

    识读色环电阻 …………………………………………………………………… 9

    检测电阻 ………………………………………………………………………… 12

  任务三　识读与检测电位器 …………………………………………………… 14

    电位器 …………………………………………………………………………… 14

    识读电位器 ……………………………………………………………………… 14

    检测电位器 ……………………………………………………………………… 16

  任务四　识读与检测电容器 …………………………………………………… 18

    电容器 …………………………………………………………………………… 18

    识读电容器 ……………………………………………………………………… 20

    检测电容器 ……………………………………………………………………… 21

  训练与巩固 ……………………………………………………………………… 22

项目二　点亮发光二极管 ……………………………………………………… 25

  任务一　手工焊接基础训练 …………………………………………………… 25

    焊接 ……………………………………………………………………………… 25

    常用装配工具 …………………………………………………………………… 26

    常用装配材料 …………………………………………………………………… 27

    手工焊接基础训练 ……………………………………………………………… 28

  任务二　点亮发光二极管电路识图 …………………………………………… 31

    认识发光二极管 ………………………………………………………………… 32

    点亮发光二极管电路识图 ……………………………………………………… 33

轻触按键开关控制发光二极管电路识图 ………………………………… 34
　　　二极管控制点亮发光二极管电路识图 ………………………………… 36
　　　半导体器件的命名方法 …………………………………………………… 37
　　任务三　点亮发光二极管电路的装配与调试 …………………………………… 39
　　　点亮发光二极管电路装配图识读 ……………………………………… 39
　　　点亮发光二极管电路装配 ……………………………………………… 40
　　　点亮发光二极管电路调试 ……………………………………………… 42
　训练与巩固 …………………………………………………………………… 43

项目三　会变亮的发光管

　　任务一　三极管的识读与检测 ………………………………………………… 46
　　　三极管的识读 …………………………………………………………… 47
　　　三极管的检测 …………………………………………………………… 48
　　任务二　三极管工作状态测试电路识图 ………………………………………… 50
　　　三极管的工作状态 ……………………………………………………… 50
　　　三极管的作用 …………………………………………………………… 51
　　任务三　三极管工作状态测试电路的装配 ……………………………………… 52
　　　三极管工作状态测试电路装配 ………………………………………… 53
　　任务四　三极管工作状态测试电路的调试 ……………………………………… 58
　　　电路调试 ………………………………………………………………… 58
　训练与巩固 …………………………………………………………………… 60

项目四　闪烁双灯

　　任务一　闪烁双灯电路识图 …………………………………………………… 62
　　　电路结构特点 …………………………………………………………… 63
　　　电容充放电原理 ………………………………………………………… 63
　　　电路工作原理 …………………………………………………………… 65
　　　装配图识读与绘制 ……………………………………………………… 66
　　任务二　闪烁双灯电路的装配 ………………………………………………… 68
　　　电烙铁拆装与维修 ……………………………………………………… 68
　　　电路装配 ………………………………………………………………… 70
　　任务三　闪烁双灯电路的调试 ………………………………………………… 72
　　　通电前的调试 …………………………………………………………… 73
　　　通电后的调试与维修 …………………………………………………… 73
　训练与巩固 …………………………………………………………………… 75

项目五　电子音乐盒

　　任务一　电子音乐盒电路识图 ………………………………………………… 77

认识新元件 ·· 78
　任务二　电子音乐盒的工作原理 ·· 82
　　　运算放大器知识 ·· 83
　　　电压比较器 ·· 84
　　　音乐盒的原理 ·· 85
　任务三　电子音乐盒的制作与调试 ·· 86
　　　音乐盒的制作 ·· 86
　　　焊接质量评估 ·· 89
　　　音乐盒电路调试 ·· 93
　　　故障案例分析 ·· 94
　训练与巩固 ·· 96

项目六　叮咚门铃

　任务一　叮咚门铃电路识图 ·· 98
　　　认识新元件 ·· 99
　　　电路工作原理 ·· 104
　任务二　叮咚门铃电路的装配 ·· 106
　　　电路PCB图识读 ·· 106
　　　电路装配 ·· 108
　任务三　叮咚门铃电路的调试 ·· 110
　　　电路通电前调试 ·· 110
　　　电路通电后调试 ·· 111
　　　故障案例分析 ·· 116
　训练与巩固 ·· 117

项目七　电子生日蜡烛

　任务一　电子生日蜡烛电路识图 ·· 119
　　　认识新元件 ·· 120
　　　电路原理 ·· 122
　　　PCB图的识读与绘制 ·· 125
　任务二　电子生日蜡烛电路的装配 ·· 126
　　　电子生日蜡烛电路的装配 ·· 126
　任务三　电路的调试与外观设计 ·· 131
　　　电路通电前调试 ·· 131
　　　电路通电后调试 ·· 131
　　　故障案例分析 ·· 133
　　　产品设计方法 ·· 135
　　　电子生日蜡烛外观设计原则 ·· 136

训练与巩固 ………………………………………………………………………… 136

项目八 使用 Protel DXP 2004 绘图 …………………………………… 138

任务一 文件建立与管理 …………………………………………………… 138
打开 Protel DXP 2004 软件 ………………………………………………… 139
新建项目与设计文件 ……………………………………………………… 139
保存项目和设计文件 ……………………………………………………… 141

任务二 绘制电路原理图 …………………………………………………… 143
放置元件 …………………………………………………………………… 143
编辑元件属性 ……………………………………………………………… 145
放置电源符号 ……………………………………………………………… 147
电气连接 …………………………………………………………………… 147

任务三 绘制原理图新元件 ………………………………………………… 148
绘制新元件 ………………………………………………………………… 148

任务四 绘制 PCB 图 ……………………………………………………… 153
自制封装 …………………………………………………………………… 153
由原理图导出 PCB 图 ……………………………………………………… 157
元件布局 …………………………………………………………………… 158
元件布线 …………………………………………………………………… 160
绘制电源接口 ……………………………………………………………… 161
绘制接口标记 ……………………………………………………………… 162

任务五 综合训练 …………………………………………………………… 163
原理图绘制 ………………………………………………………………… 163
PCB 图绘制 ………………………………………………………………… 165

训练与巩固 ………………………………………………………………… 166

项目九 声光双控节能灯 ………………………………………………… 168

任务一 声光双控节能灯电路分析 ………………………………………… 168
门电路的基本概念 ………………………………………………………… 168
电路识图及认识新元件 …………………………………………………… 169
声光双控节能灯原理 ……………………………………………………… 174

任务二 绘制原理图及 PCB 图 …………………………………………… 176
绘制原理图及 PCB 图 ……………………………………………………… 176
了解 PCB …………………………………………………………………… 178

任务三 电路的装配、调试及故障检修 …………………………………… 180
装配 ………………………………………………………………………… 180
整机调试 …………………………………………………………………… 181
故障检修 …………………………………………………………………… 183

训练与巩固 ·· 185

项目十　串联稳压电源 ·· 187

任务一　串联稳压电源的工作原理 ·· 187
　　串联稳压电源的构成 ·· 188
　　由分立元件组成串联稳压电源原理 ·· 188
　　LM7805 构成的电源 ·· 193

任务二　串联稳压电源的制作 ··· 194
　　制作工艺流程 ·· 195
　　PCB 的制作 ·· 196
　　元件的装配 ··· 203

任务三　串联稳压电源的调试 ··· 205
　　电路的调试 ··· 205
　　故障检修 ·· 208

　　训练与巩固 ·· 210

项目十一　甲乙类推挽功率放大器 ·· 213

任务一　甲乙类功率推挽放大器电路分析 ······································· 213
　　低频功率放大器的概念 ·· 214
　　低频功率放大器的分类 ·· 214
　　甲乙类功率推挽放大器基本工作原理 ··· 215

任务二　甲乙类功率放大器的制作 ·· 219
　　制作准备工作 ·· 219
　　制作 PCB ·· 220
　　调试工装的制作和准备 ·· 222
　　装配 ·· 224

任务三　功率放大器的调试与故障排除 ·· 224
　　调试工作准备 ·· 224
　　电子产品调试方法 ·· 225
　　电路调试的要求和方法 ·· 227
　　简单故障分析 ·· 230

　　训练与巩固 ·· 231

项目十二　流水灯 ·· 234

任务一　贴片元件的基本知识 ··· 234
　　贴片元件的特点 ··· 235
　　常用贴片元件的识读 ··· 236

任务二　流水灯电路原理分析 ··· 240

CD4017 简介 ……………………………………………………………… 240
　　流水灯的工作原理 ………………………………………………………… 242
任务三　流水灯电路的装配 …………………………………………………… 242
　　绘制 PCB 图 ……………………………………………………………… 243
　　电路装配 …………………………………………………………………… 244
　　表面安装技术 ……………………………………………………………… 245
　　贴片元器件的手工焊接 …………………………………………………… 246
任务四　流水灯电路的调试和故障检修 ……………………………………… 248
　　电路调试 …………………………………………………………………… 248
　　故障案例讲解 ……………………………………………………………… 249
训练与巩固 ……………………………………………………………………… 250

项目十三　四路数显抢答器 …………………………………………………… 252

任务一　四路数显抢答器电路的分析 ………………………………………… 252
　　认识新元件 ………………………………………………………………… 253
　　四路数显抢答器电路原理 ………………………………………………… 258
任务二　四路数显抢答器的制作 ……………………………………………… 260
　　贴片晶体管的识读 ………………………………………………………… 260
　　绘制 PCB 图 ……………………………………………………………… 261
　　准备工作 …………………………………………………………………… 263
　　装配 ………………………………………………………………………… 264
任务三　电路调试及故障分析与排除 ………………………………………… 264
　　四路数显抢答器的调试 …………………………………………………… 264
　　故障分析思路 ……………………………………………………………… 266
　　故障案例讲解 ……………………………………………………………… 266
训练与巩固 ……………………………………………………………………… 270

参考文献 …………………………………………………………………………… 272

项目一

用万用表测量电压、电阻、电容

【情景描述】

学习电子技术，应先认识构成电子电路的基本元件及掌握元件的检测方法。正所谓"高楼大厦平地起"，只有从基础知识学起，才能掌握更深层次的知识和技能，为以后的学习和工作打下良好的基础。

本项目中，我们会学习电子技术中常用的检测仪表——数字万用表的使用方法，认识常用的基本电子元件——电阻、电容，并使用数字万用表检测判断元件的好坏，测量直流电压。

【任务分解】

➢ 任务一　用数字万用表测量直流电压
➢ 任务二　识读与检测色环电阻器
➢ 任务三　识读与检测电位器
➢ 任务四　识读与检测电容器

任务一　用数字表测量直流电压

【学习目标】

◆ 认识数字万用表。
◆ 学习使用数字万用表测量直流电压。

【数字万用表】

一、数字万用表

1. 数字万用表简介

万用表是一种高灵敏度、多用途、多量程的携带式测量仪表，万用表是电工、电子技术应用等相关专业所必备的常用仪表。随着电子技术的发展和进步，万用表也朝着数字化方向发展，指针式万用表逐渐被淘汰。

数字万用表采用数字直接显示测量结果，以液晶或荧光数码为显示屏，读数具有直观性和唯一性，且体积小、测量精度高，应用十分广泛。

下面以通用普及型数字万用表 830B 为例，说明数字万用表测量功能分区，如图 1-1 所示。

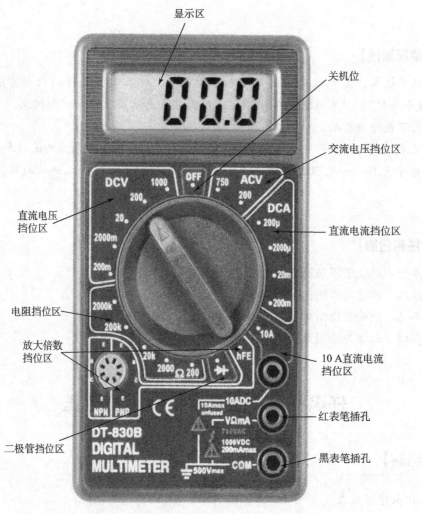

图 1-1　830B 型数字万用表功能分区

2. 数字万用表的功能

（1）测直流电压（DCV）：可测范围为 200 mV ~ 1 000 V。

（2）测直流电流（DCA）：可测范围为 200 μA ~ 200 mA，超过此范围，应改用 10 A 挡测，同时将红表笔插入 10 A 测量孔中。

（3）测交流电压（ACV）：可测范围为 200 ~ 700 V。

（4）测电阻（Ω）：可测范围为 200 Ω ~ 2 000 kΩ。

（5）测 h_{FE}：可测 NPN、PNP 三极管的电流放大倍数。

（6）测 PN 结 "—▷|—"：测量半导体 PN 结的正向压降。

★ 提示：

数字万用表在开始测量时，一般会出现跳数现象，应等待显示稳定后再读数。

有的数字万用表功能强大，能够测量电容的容量、电感的电感量以及信号的频率等。有些数字万用表可以实现自动量程转换，能够实现无操作自动关机，节省电池。使用时可根据数字万用表的说明书来操作。

【直流电压和交流电压】

一、电压

电压是推动电荷定向移动形成电流的原因。电流之所以能够在导线中流动，也是因为在电流中有着高电势和低电势之间的差别。这种差别叫作电势差，也叫作电压。换句话说，在电路中，任意两点之间的电位差称为这两点的电压。在电路中提供电压的装置是电源。电压通常用字母 U 代表。

电压的单位是伏特（V），简称伏，用符号 V 表示。强电压常用千伏（kV）为单位，弱电压的单位一般用毫伏（mV）、微伏（μV）表示。它们之间的换算关系是：

$$1 \text{ kV} = 1\ 000 \text{ V} = 10^3 \text{ V}$$
$$1 \text{ V} = 1\ 000 \text{ mV} = 10^3 \text{ mV}$$
$$1 \text{ mV} = 1\ 000 \text{ μV} = 10^3 \text{ μV}$$

★ 提示：

电压与水压相似，水之所以流动，就是因为水位高低所形成的"水压"。

二、直流电压

如果电压的大小及方向都不随时间变化，则称之为稳恒电压或恒定电压，简称为直流电压，用大写字母 U 表示。

三、交流电压

如果电压的大小及方向随时间变化，则称为变动电压。对电路分析来说，一种最为重要的变动电压是正弦交流电压（简称交流电压），其大小及方向均随时间按正弦规律做周期性变化。交流电压的瞬时值要用小写字母 u 或 $u(t)$ 表示。

> 拓展：常见的电压值。

对人体安全的电压在干燥情况下不高于 36 V；
家用电路的交流电压为 220 V（日本和一些欧洲国家的家用电压为 110 V）；
碱性电池标称电压为 1.5 V。

【用数字万用表测量直流电压】

下面以 830B 型数字万用表为例，说明数字万用表测量直流电压的方法。

万用表在使用前，应认真阅读使用说明书，熟悉电源开关、量程开关、插孔、特殊插口的作用，并且将电源开关置于"OFF"位置。

★ 提示：

有些数字万用表在没有任何操作的情况下，几分钟后电源会自动关断。

下面测量一下我们生活中常用到的干电池和手机锂电池的电压。

第一步：读出电池的标称电压。

一般在电池的表面都会标示出电池的标称电压，如图 1-2 所示。由图可以看出，一节干电池的电压是 1.5 V，手机锂电池的电压最大值是 4.2 V。

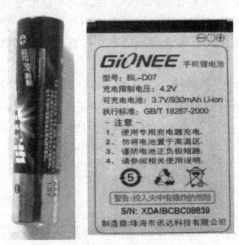

图 1-2　电池极性

第二步：区分电池极性。

电池的极性在表面也有标示，由图 1-2 可知，标有"＋"符号的一端为电池的正极，标有"－"符号的一端为电池的负极。

第三步：选择合适量程开关和电压值。

首先，要了解所测的是什么参数，在这里测量的是直流电压，因此量程开关应拨至

DCV 区；其次，根据所读的电压值选择合适电压挡，所选电压挡要大于所测的电压。例如所读电压为 1.5 V 和 4.2 V，选择的量程为 20 V；1.5 V 的还可以选择 2 V 挡。一般情况我们都选择 20 V 挡，如图 1-3 所示，将开关（有箭头标示的一端）拨至 DCV 20 V 挡。如果挡位不够，测量时显示"1"（表示溢出），如果挡位过大，显示的"数字"有效值少，甚至读数为 0。

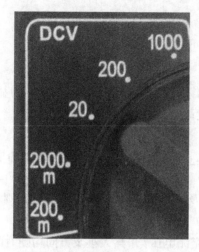

图 1-3 电压挡位

第四步：测量并读数。

首先检查表笔插孔位置是否插对，即红表笔插入"VΩmA"孔，黑表笔插入"COM"孔，然后红表笔接电池的正极，黑表笔接电池的负极，最后读出显示的电压值，如图 1-4 所示。

图 1-4 万用表测量不同的电池电压值

★ 提示：

数字万用表使用时需注意的问题：

- 将万用表接入电路前，应确保所选测量的类型及量程正确；误用电流挡、电阻挡测量电压极易造成万用表损坏。
- 用万用表测量高压时，不能用手触及表笔的金属部分，以免发生危险。

- 在电路中测量电阻的阻值时,应断电进行测量,否则可能会烧坏电表。
- 测量大电压、大电流时,不可带电拨动转换开关,以免烧坏万用表。
- 测量结束后,应习惯将万用表的测量转换开关拨到"交流电压"最大量程挡,或"OFF"挡,以免自己或他人在下次使用时因粗心而造成仪表的损坏。
- 现在的数字表在一定范围都有保护功能,有些错误操作不会损坏仪表,但仍然要按上述正确操作。

【课堂练习】

1. 数字万用表用数字直接显示测量结果,以_____为显示屏,读数具有直观性和_____,且体积小、测量精度高、输入极性_____。
2. 数字万用表可以测量_____、_____、_____、_____等。
3. 电压的单位是_____,用符号 V 表示。电压之间的换算关系是:$1\ kV =$ _____ $V = 10^3\ V$;$1\ V = $ _____ $mV = 10^3\ mV$;$1\ mV = $ _____ $\mu V = 10^3\ \mu V$。
4. 如果电压的_____及_____都不随时间变化,则称之为稳恒电压或恒定电压,简称为直流电压。
5. 正弦交流电压(简称交流电压),其大小及方向均随时间按_____做周期性变化。
6. 测量手机电池(锂电池)时数字万用表拨到_____挡,量程为_____。
7. 用数字万用表测量 5 号电池必须分清正负极。(对的打"√",错的打"×")
8. 数字万用表测量蓄电池时用交流电压挡。(对的打"√",错的打"×")
9. 使用数字万用表时红表笔插入"VΩmA"孔,黑表笔插入"COM"孔。(对的打"√",错的打"×")
10. 测量电池时数字万用表显示"1"说明万用表坏了。(对的打"√",错的打"×")

【评 价】

任务二 识读与检测色环电阻器

【学习目标】

◆ 认识电阻器。
◆ 掌握色环电阻的识读。
◆ 熟练掌握电阻的测量方法。

【电阻器】

电阻器简称电阻,电阻器是具有电阻特性的电子元件,是电子电路中应用最为广泛的元件之一，通常称为电阻。电阻实际上就是导体对电流的阻碍作用。电阻器分为固定电阻器和可变电阻器（电位器），在电路中起分压、分流和限流等作用。电阻的种类很多，最常使用的是色环电阻，如图 1-5 所示。

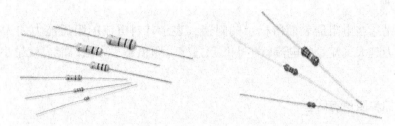

图 1-5　常用色环电阻的外形

一、电阻器的符号

电阻器文字符号一般用字母 R 表示，常见的不同电阻器的电路符号如图 1-6 所示。

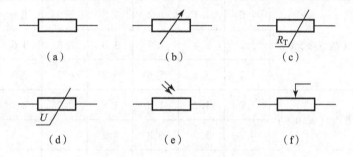

图 1-6　不同电阻器的电路符号

(a) 普通电阻；(b) 可变电阻；(c) 热敏电阻；(d) 压敏电阻；
(e) 光敏电阻；(f) 滑动变阻

> 拓展：各种各样的电阻。

- 普通电阻器。

碳膜电阻器、金属膜电阻器、金属氧化膜电阻器、实芯式电阻器、线绕电阻器。

- 特殊电阻器。

如图 1-7 所示为不同的特殊电阻器：热敏电阻器、压敏电阻器、湿敏电阻器、光敏电阻器。

热敏电阻器　　　压敏电阻器　　　湿敏电阻器　　　光敏电阻器

图 1-7　不同的特殊电阻器

二、电阻器的主要技术参数

1. 标称阻值

标称阻值是指在电阻器表面所标示的阻值，表示其对电流的阻碍能力的大小。阻值越大，其阻碍能力越大，流过的电流就越小；反过来，阻值越小，阻碍能力就越小，流过的电流就越大。

> 拓展：标称阻值有哪些？

为了生产和选购方便，国家规定了系列阻值，目前电阻器标称阻值系列，即 E6、E12、E24 系列，其中 E24 系列最全。三大标称阻值系列取值如表 1-1 所示。

表 1-1　电阻标称阻值系列

标称值系列	允许偏差	电阻器标称阻值						
E24	Ⅰ级（±5%）	1.0	1.1	1.2	1.3	1.5	1.6	1.8	2.0
		2.2	2.4	2.7	3.0	3.3	3.6	3.9	4.3
		4.7	5.1	5.6	6.2	6.8	7.5	8.2	9.1
E12	Ⅱ级（±10%）	1.0	1.2	1.5	1.8	2.2	2.7	3.3	3.9
		4.7	5.6	6.8	8.2	—	—	—	—
E6	Ⅲ级（±20%）	1.0	1.5	2.2	3.3	3.9	4.7	5.6	8.2

对具体的电阻器而言，其实际阻值与标称阻值之间有一定的偏差，这个偏差与标称阻值的百分比叫作电阻器的误差。误差越小，电阻器的精度越高。电阻器的误差范围有明确的规定，对于普通电阻器其允许误差通常分为 3 大类，即 ±5%、±10%、±20%。

2. 额定功率

额定功率是指电阻器在通常条件下，长期安全使用允许承受的最大功率值。在电路图中各种功率的电阻器采用不同的符号表示，如图 1-8 所示。

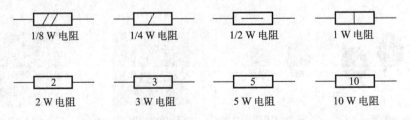

图 1-8　电阻器额定功率在电路图中的表示方法

【识读色环电阻】

一、电阻的单位

电阻的单位为"欧姆",简称"欧",用希腊字母"Ω"来表示。除"欧姆"外,电阻的单位还有"千欧"(kΩ)、"兆欧"(MΩ)等,各单位之间的换算关系是:

$$1\ M\Omega = 1\ 000\ k\Omega;\ 1\ k\Omega = 1\ 000\ \Omega$$

二、色环电阻的识读

色环电阻采用色标法来识读,色标法是用色环在电阻器表面标注出标称阻值和允许误差的方法。其优点是标志清晰,易于看清,而且与电阻的安装方向无关,是目前比较常用的电阻标示方法。色环电阻上每种颜色对应了一个数字,所对应的数字如表1-2所示。

表1-2 电阻值色环、允许误差与字母对照表

颜色	有效数字	倍率	允许误差/%	颜色	有效数字	倍率	允许误差/%
棕色	1	10^1	±1	灰色	8	10^8	—
红色	2	10^2	±2	白色	9	10^9	±50~±20
橙色	3	10^3	—	黑色	0	10^0	
黄色	4	10^4	—	金色	—	10^{-1}	±5
绿色	5	10^5	±0.5	银色	—	10^{-2}	±10
蓝色	6	10^6	±0.2	无色			±20
紫色	7	10^7	±0.1				

表中每一种颜色所对应的数字要求能够记下来,因为不可能每次读色环电阻时还要去查一下表。这里提供一个方法供参考。

记忆口诀:

一棕熊,二红眼,三橙子,四黄瓜,五绿豆,六朵蓝花送妻(七)子(紫),挥(灰)巴(八)掌,打白酒(九),嘿(黑)您!(零)。

色标法有四色环色标法和五色环色标法,如图1-9所示。

图1-9 四色环和五色环色标法

【例1-1】 四色环电阻识读。

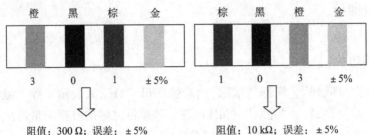

★ 提示：

四色环电阻的误差大部分情况下是±5%和±10%，即金色和银色，所以区分四色环哪边是第一环以此为判断。

【课堂练习】

1. 色标法的优点是_____，易于看清，而且与电阻的_____无关，是目前比较常用的电阻标示方法。色环电阻上每种_____对应了一个数字。

2. 写出下列四色环电阻的阻值和误差：

（1）棕 黑 红 金_____　　（2）绿 棕 棕 银_____
（3）黄 紫 橙 金_____　　（4）蓝 灰 棕 金_____
（5）棕 黑 黄 金_____　　（6）橙 橙 橙 金_____
（7）红 紫 红 金_____　　（8）棕 绿 红 金_____

3. ▭ 表示的额定功率为____W；▭ 表示的额定功率为____W；▭ 表示的额定功率为____W；▭ 表示的额定功率为____W。

【评　价】

【例1-2】 五色环电阻识读。

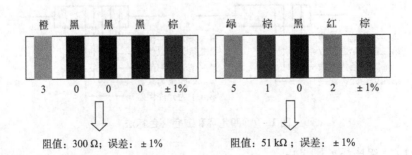

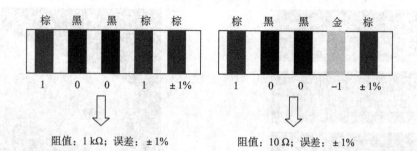

★ 提示：

五色环电阻的误差大部分情况下是±1%，即棕色，所以区分五色环哪边是第一环以此为判断。也有特殊情况，即第一环和最后一环都是棕色，此时可以根据靠近引出端最近的一环为第一环来判断。若实在不能判断第一环，或者因色环标记不清，辨色能力差等影响判断，就只能用万用表测量得知电阻阻值。

金色和银色在五色环里也可以是第四环，即倍率，从表1-2中可以查到金色和银色的倍率。

【课堂练习】

写出下列五色环电阻的阻值和误差：
(1) 棕 黑 黑 红 棕＿＿＿＿＿＿　(2) 棕 黑 黑 橙 棕＿＿＿＿＿＿
(3) 红 红 黑 红 棕＿＿＿＿＿＿　(4) 橙 橙 黑 红 棕＿＿＿＿＿＿
(5) 棕 黑 黑 黄 棕＿＿＿＿＿＿　(6) 黄 紫 黑 黄 棕＿＿＿＿＿＿
(7) 红 红 黑 金 棕＿＿＿＿＿＿　(8) 红 黑 黑 红 棕＿＿＿＿＿＿
(9) 棕 绿 黑 红 棕＿＿＿＿＿＿　(10) 绿 蓝 黑 棕 棕＿＿＿＿＿＿

【评　价】

➤ **拓展：其他种类电阻的识读方法。**

● 直标法。

直标法是用阿拉伯数字和单位符号在电阻器的表面直接标出标称阻值和允许偏差的方法，如图1-10所示。其优点是直观，易于判读。但数字标注中的小数点不易辨识，因此经常采用文字符号法。

● 文字符号法。

文字符号法是将阿拉伯数字和字母符号按一定规律的组合来表示标称阻值及允许偏差的方法。其优点是认读方便、直观，由于不使用小数点，提高了数值标记的可靠性，多用在大功率电阻器上，如图1-11所示。

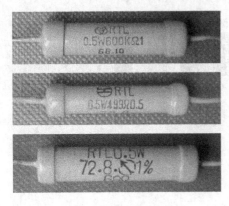

图1-10 电阻直标法

图1-11 文字符号法

文字符号法规定：字母符号有 Ω（R）、K、M、G、T，用于表示阻值时，字母符号 Ω（R）、K、M、G、T之前的数字表示阻值的整数值，之后的数字表示阻值的小数值，字母符号表示小数点的位置和阻值单位。例如："5R5"则表示 5.5 Ω，R 表示欧姆（Ω）；"56K"表示 56 kΩ；"5K6"表示 5.6 kΩ。K、M、G、T 表示级数。

误差等级所使用的字母及其含义如表 1-3 所示。

表1-3 误差等级字母含义

字母	允许误差/%	字母	允许误差/%
W	±0.05	G	±2
B	±0.1	J	±5
C	±0.25	K	±10
D	±0.5	M	±20
F	±1	N	±30

【检测电阻】

电阻的好坏可直接通过观看引线是否折断、电阻体是否烧焦等做出判断。阻值可用万用表的欧姆挡选择合适的量程进行测量，测量时应避免测量误差。

下面用数字万用表（DT830B 型）检测标称阻值为 300 Ω 的电阻。

第一步：读出电阻标称值。

色环电阻采用色标法读出其标称阻值。

第二步：选择电阻量程挡。

根据所读出的电阻的标称阻值，选择合适量程，所选量程挡必须大于所读的标称阻值，否则显示"1"，例如标称阻值是 300 Ω 的电阻，选择的量程挡为 2 000 挡。将挡位拨到电阻挡（欧姆）的"2 000"量程挡，如图 1-12 所示。

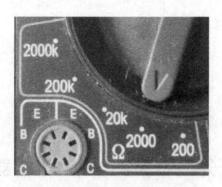

图1-12 电阻挡位

第三步：测量并读数。
将表笔分别接到所测电阻的引脚两端，读出实际阻值大小，如图1-13所示。

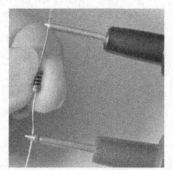

图1-13 实测电阻值

★ 提示：

测量电阻时，注意手指不要同时接触到电阻的两个引脚部分，以免人体电阻干扰所测的实际阻值。另外，电阻没有正负极之分，测量时不需要区分万用表红、黑表笔。

【课堂练习】

1. 检测色环电阻。

准备一些四环、五环电阻，用所学的识读方法读一读，并用万用表测一测，同时做好记录，将数据填入表1-4中。

表1-4 记录数据

色 环	标称值	量程挡	测量值	色 环	标称值	量程挡	测量值

2. 所测电阻的标称值与实际测量值是否一致，为什么？

【评　价】

任务三　识读与检测电位器

【学习目标】

◆ 认识电位器。
◆ 电位器的识读。
◆ 熟练掌握电位器的测量方法。

【电位器】

一、电位器

电位器属于电阻器，是一种阻值可以连续调节的电阻器。常用电位器如图 1-14 所示，其电路和文字符号表示如图 1-15 所示。

图 1-14　常用电位器

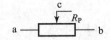

图 1-15　常用电位器的图形符号

二、电位器阻值的特点

从图 1-15 中电位器图形符号可知，电位器有 3 个引脚，其中 a、b 端为电位器固定的两个引脚，而 c 端为可调节的引脚。显而易见，a、b 两端为固定阻值，a、c 两端和 b、c 两端阻值会随 c 端的变化而变化。它们之间的关系用下面的等式表示：

$$R_{ab} = R_{ac} + R_{bc}$$

【识读电位器】

标注在电位器上的阻值为电位器的标称阻值，其值等于电位器两固定引脚之间的阻值。

电位器标称阻值其中一种标示方法是用三位数字表示的,称为数字表示法。数字表示法一般用于体积较小的电位器。三位数字识读的方法是:前两位表示标称阻值的有效值,第三位表示后面补零的个数,单位为 Ω。

【例 1-3】 电位器标称值识读。

如图 1-16 所示,电位器标称数字为 105。

由识读方法可知:

$$10\,00000\ \Omega = 1\ M\Omega$$

即 105 表示阻值为 1 MΩ 的电位器。

图 1-16 电位器三位数字表示

【课堂练习】

用三位数字法识读下面电位器的标称阻值:

(1) 104 _____;(2) 103 _____;(3) 205 _____;
(4) 201 _____;(5) 503 _____;(6) 502 _____。

【评　价】

➢ **拓展:电位器其他识读方法。**

● 两位数字识读法。

若电位器标示为两位数,则第一位表示标称阻值的有效值,第二位表示有效数后面补零的个数。如图 1-17 所示,53 表示电阻标称值为 5 000 Ω,即为 5 kΩ 的电位器。

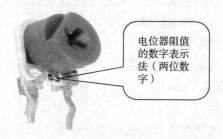

图 1-17 电位器阻值的两位数字表示法

- 直标法。

直标法是用阿拉伯数字和单位符号在电阻器的表面直接标出标称阻值和允许误差的方法。如图1-18所示。直标法一般用于体积较大的电位器上。

图1-18 电位器直标法

【检测电位器】

对于电位器，首先要区分出固定的两个引脚和可调节的一个引脚，区分的方法可根据经验，也可以用万用表检测区分。下面以蓝白可调的电位器为例说明。

如图1-19所示，根据经验，并排的两个引脚为固定引脚，两端的阻值为电位器的标称阻值，是电位器可调节的最大阻值，是固定不变的。另一脚即为可调节的一端，相对固定端是凸出来的。

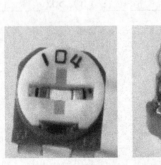
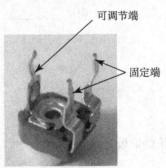

图1-19 电位器的检测

在不能根据经验区分引脚的情况下，可根据电位器电阻值特点，用万用表区分引脚，同时也可以判断电位器的好坏，具体方法如下：

第一步：读出电位器标称阻值。

根据电位器识读方法读出电位器标称阻值，由图1-19可知，电位器上标示的三位数字104，即该电位器的标称阻值是100 kΩ。

第二步：选择合适量程挡。

根据标称阻值选择合适的量程挡，与色环电阻选择的方法一样，所选的量程挡必须要大于其标称阻值，这里我们选择200 K，如图1-20所示。

项目一 用万用表测量电压、电阻、电容   17

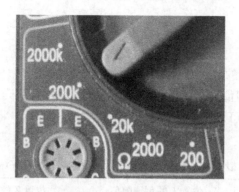

图1-20 置电阻挡位

第三步：区分引脚并判断质量好坏。

首先区分出固定引脚，万用表两表笔不分正负任意接电位器两脚，观察阻值大小，如果阻值显示是100 K时，旋转电位器旋钮部分，如果测得阻值没有变化，说明此时万用表所测的两脚为固定引脚，如图1-21所示。否则换另外的两脚检测并判断。

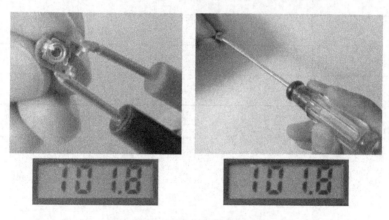

图1-21 测量电位器固定端阻值

固定引脚区分出来了，很明显，另外一个脚就是可调节端了。当然也可以用万用表验证一下，方法是：将万用表一只表笔接其中一个固定脚，另一只表笔接可调节端，测出其阻值大小，再旋转电位器旋钮，观察阻值变化。阻值应有变化，且是平稳地在变化，如图1-22所示。如果阻值没有变化，或出现断续或跳跃现象，说明电位器质量有问题，不能使用。

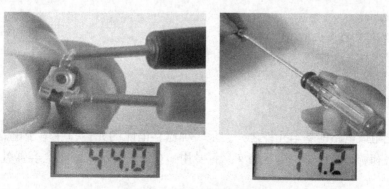

图1-22 检测电位器质量好坏

【课堂练习】

1. 检测不同阻值大小的电位器。

按表 1-5 准备不同阻值大小的电位器,根据所学电位器识读与检测方法读出其标称值,测出实际值,两个位置的可调阻值,并判断电位器的质量好坏。将识读数据和测量数据记录于表 1-5 中。

表 1-5　记录识读数据、测量数据及质量好坏

电位器标示	测量值 (R_{ab})	位置1的可调阻值		位置2的可调阻值		判断质量好坏
		R_{ac}	R_{bc}	R_{ac}	R_{bc}	

2. 从表中可以验证出一个什么公式?＿＿＿＿＿＿＿＿＿＿＿＿＿

【评　价】

任务四　识读与检测电容器

【学习目标】

◆ 认识电容器。
◆ 掌握电容器的读识。
◆ 学习电容器的测量方法。

【电容器】

电容器是组成电路的基本元件之一,是一种储存电能的元件,在电子电路中起到耦合、滤波、隔直流和调谐等作用。电容的文字符号用"C"来表示。常用电容器外形如图 1-23 所示。

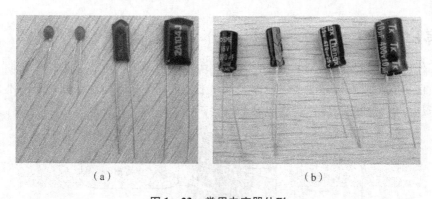

图 1-23 常用电容器外形
(a) 瓷介电容和涤纶电容；(b) 铝电解电容

一、不同电容器的电路符号

电容器的常用电路符号如图 1-24 所示。其中电解电容分正负，在正极处标"+"表示。

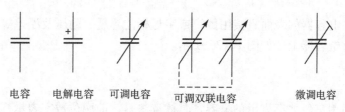

电容　电解电容　可调电容　可调双联电容　微调电容

图 1-24 电容器的常用电路符号

二、电容器的主要技术参数

1. 容量和误差

电容器的容量是指其加上电压后储存电荷能力的大小。它的基本单位是 F（法拉），由于法拉这个单位太大，因而常用的单位有 μF（微法）、nF（纳法）和 pF（皮法）。各单位之间的换算关系是：

$$1 \text{ pF} = 10^{-6} \mu\text{F} = 10^{-12} \text{F}$$
$$1 \mu\text{F} = 10^3 \text{ nF} = 10^6 \text{ pF}$$

误差一般用字母来表示，常见的表示误差的字母有 F（±1%）、G（±2%）、J（±5%）和 K（±10%），如图 1-25 所示。

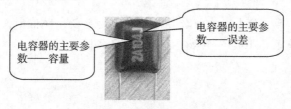

图 1-25 电容器标称容量及误差

2. 额定工作电压

额定工作电压又称为耐压,是指在允许的环境温度范围内,电容上可连续长期施加的最大电压有效值。它一般直接标注在电容器的外壳上,如图1-26所示。使用时绝不允许电路的工作电压超过电容器的耐压,否则电容器就会击穿。

图1-26 电容器的耐压

【识读电容器】

一、直标法

直标法是指在电容器的表面直接用数字或字母标注容量、耐压及误差等主要技术参数的方法。常见于电解电容器上,如图1-26所示。

二、数字法

在电容器表面用三位数字表示的电容,具体读法是:前两位数字表示标称容量的有效数字,第三位表示有效数字后面补零的个数,单位为皮法(pF)。有时也在数字前面加字母R或p表示零点几微法或皮法。例p33表示0.33 pF,R22表示0.22 μF。

在电容器表面用两位数字表示的电容,两位数字表示标称容量的有效数字,单位为皮法(pF)。

【例1-4】 读出下列三位数字法标示的电容器的容量。

(1) 104:

$$104 = 10\ 0000\ pF = 0.1\ \mu F = 100\ nF$$

(2) 103:

$$103 = 10\ 000\ pF = 0.01\ \mu F = 10\ nF$$

(3) 33:

$$33 = 33\ pF$$

★ 提示:

三位数字法里面,第三位表示有效数字后面补零的个数,即倍率,表示乘以10^i,i的取值范围是1~9,其中9表示10^{-1},例如,229表示2.2 pF。

【课堂练习】

1. 1 pF = _____ μF = _____ F;1 μF = _____ nF = _____ pF。

2. 读出下列三位数字法标示的电容器的容量。

(1) 102 _____； (2) 101 _____； (3) 223 _____； (4) 681 _____；
(5) 330 _____。

3. ![Tk Tk Tk 10μF 400V 10μF] 标出容量为_____，耐压为_____。

4. ![562] 电容量为_____；![33] 电容量为_____；![331] 电容量为_____；![104] 电容量为_____；![103] 电容量为_____。

【评 价】

★ 提示：

电容器其他标注方法。

1. 文字符号法

文字符号法是用特定符号和数字表示电容器的容量、耐压、误差的方法。一般数字表示有效数值，字母表示数值的量级。

常用的字母有μ、n、p等，字母μ表示微法（μF）、n表示纳法（nF）、p表示皮法（pF）。

2. 色标法

电容器的色标法与电阻器色标法类似，但较少使用。

【检测电容器】

现在很多数字万用表都有专门测电容容量的功能。下面以测量 10 μF 电解电容器来说明其用法。

第一步：区分引脚正负极性。

电解电容是有极性的电容，在使用时要注意区分其正负极性。如果是新的电容器，可以根据其引脚长短来判断：长脚为正，短脚为负。如果是已使用过的电容器，不能从引脚区分，可以根据电容器上一小条白色或黄色线，所对应的引脚即为负极，另一端就是正极了，如图 1-27 所示。

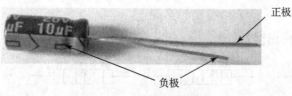

图 1-27 电解电容的极性

第二步：读取额定电容量。

根据电容器识读方法读出电容器的标称容量，电解电容器一般直接标示出来。

第三步：选择电容量程挡。

置到"200μ"量程挡，如图1-28所示。挡位要根据标称容量来选择，选择的原则是所选量程挡必须大于电容器标称容量。

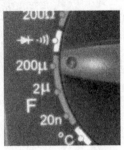

图1-28 置电容挡

第四步：测量并读数。

万用表笔红黑分别接到电容器正负两端（有些万用表有专门的电容器插孔，无极性电容不分正负），读取电容器数值，如果数据在电容器标称容量允许误差内，说明电容器是正常的，如图1-29所示。如果为"0"或相差很大，表明电容器已损坏。

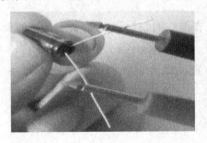 

图1-29 测量电容容量值

★ 提示：

电容器不良品的判断与检测：电解电容器不良品可通过目测来判断，如果观察到电容器有漏液、鼓包、变形等情况，可以直接更换电解电容。

训练与巩固

一、填空题

1. 读出电阻值，标出误差。

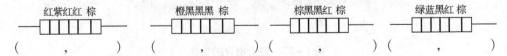

2. 标出电阻值和功率。

—|1W 10K 5%|— （　　　，　　　）　　—|1W 9K1 5%|— （　　　，　　　）

|5W R33 F| （　　　，　　　）　　|5W 5R1 F| （　　　，　　　）

3. ⊥224⊥ 电容量为_____；㉗ 电容量为_____。

4. 数字万用表测量电阻时，发现万用表显示"1"，说明万用表_____。

5. 测量一个电阻，数字显示"0.02"，说明数字表的_____不妥。

6. 电阻有几个参数比较重要，主要有①是_____；②是_____。

7. 电阻实际上就是导体对电流的_____。

8. 电容上的数字为223，则容量标称值为_____。

9. 电位器上的标示为502，则电位器的标称值为_____。

10. 电阻的文字符号为_____；电容的文字符号为_____。

二、单项选择题

1. 色环标出"灰红黄金"，电阻值和误差是（　　　）。
① 820 Ω、10%　　② 82 kΩ、5%　　③ 820 kΩ、5%　　④ 820 kΩ、1%

2. 色环标出"棕绿银金"，电阻值和误差是（　　　）。
① 15 Ω、10%　　② 15 kΩ、5%　　③ 0.15 Ω、5%　　④ 1.5 Ω、5%

3. 色环标出"棕绿红棕棕"，电阻值和误差是（　　　）。
① 1521 Ω、10%　　② 1.52 kΩ、5%　　③ 1.52 kΩ、1%　　④ 1.5 kΩ、1%

4. 色环标出"棕黑绿金"，电阻值和误差是（　　　）。
① 105 Ω、10%　　② 105 Ω、5%　　③ 100 kΩ、5%　　④ 1 M、5%

5. 一个电容上标出"33"，容量为（　　　）。
① 3000 pF　　② 33 μF　　③ 33 pF　　④ 3 nF

6. 一个电容上标出"104"，容量为（　　　）。
① 104 pF　　② 104 μF　　③ 0.1 μF　　④ 10 nF

7. 5号电池的电压标称值是（　　　）。
① 2 V　　② 4.2 V　　③ 36 V　　④ 1.5 V

8. 测量220 kΩ的电阻时，数字表挡位置于（　　　）。
①电压20 V挡　　②电流200 μA挡　　③电阻2 MΩ挡　　④电阻200 kΩ挡

9. 测量10 nF电容时，数字表挡位置于（　　　）。
①电流200 mA挡　　②电容200 nF挡　　③电阻200 Ω挡　　④电容200 μF挡

10. 测量锂电池，挡位应该置于（　　　）。
①电流20 mA挡　　②交流电压20 V挡　　③直流电压20 V挡　　④直流电压2 V挡

三、判断题（正确的打"√"，错误的打"×"）

1. 在电阻的使用上，只要电阻值正确就可以。（   ）
2. 电容使用上，可以用 10 μF/16 V 代替 10 μF/10 V 的电解电容。（   ）
3. 测量 104 瓷介电容时要注意电容的正负极，红表笔接正。（   ）
4. 电解电容是有极性的，引脚长的是正极，短的是负极。（   ）
5. 用万用表测量 100 μF 的电容，立即读数发现为 0，说明电容有问题。（   ）
6. 测量电池电压，将挡位置于 2 V，显示"1"，说明万用表坏了。（   ）
7. 测量电位器可调端电阻值发现有断续或跳跃现象，并不能说明该电位器接触不良。（   ）
8. 测量电阻时，手不能按住电阻的两个引脚，否则测量结果有误差。（   ）
9. 测量 100 kΩ 电阻，将电阻挡置于 2 MΩ 时，显示"1"，说明挡位不对。（   ）

项目二

点亮发光二极管

【情景描述】

我们在街上经常看到很多广告牌、大屏幕电视中能显示字的、圆圆的发很亮的光的发光器件,这就是发光二极管。怎样可以使发光二极管点亮呢?点亮它需要什么条件呢?

在本项目中,我们将学习发光二极管的知识,需要认识相关电路图,初步开始学习电路装配,我们将会看到由少量元件组成电路的效果。下面我们就要开始进入神奇的电子世界了……

【任务分解】

➢ 任务一　手工焊接基础训练
➢ 任务二　点亮发光二极管电路识图
➢ 任务三　点亮发光二极管电路的装配与调试

任务一　手工焊接基础训练

【学习目标】

◆ 认识装配工具和材料。
◆ 手工焊接技术基础训练。

【焊　接】

将元器件按电路要求插在电路板的相应位置上,然后用熔化的焊锡把印制导线与元器件引脚连接牢固的过程,称为焊接。焊接方法有多种,电子电路中的焊接主要是锡焊。所谓锡焊就是将熔点比焊件(即元器件引线、印制板的铜箔等母材)低的焊料、焊剂与焊件共同加热到一定的温度(240 ℃~350 ℃),在焊件不熔化的情况下,使焊料熔化,浸润锡焊面,并扩散形成合金层,将焊件彼此连接牢固。

手工焊接是一种传统的焊接方法,由于操作简单、方便,因此目前仍在生产、科研、实验与维修中广泛采用。手工焊接技术是学习电子技术必须掌握的技能,否则焊接质量不高,影响设备的正常工作,甚至造成元器件与印制电路板的损坏。

【常用装配工具】

一、电烙铁

电烙铁是手工焊接的基本工具,其作用是加热焊料和被焊金属,使熔融的焊料润湿被焊金属表面并生成合金。

使用电烙铁时,要注意安全,由于是带电(220 V 交流电)作业,要注意用电安全。而电烙铁又是发热件,通常温度可达 350 ℃,故在防触电的同时要避免烫人、烫物,不要烫坏电烙铁的电源线防护层。因此,烙铁架是必不可少的,常用烙铁和烙铁架如图 2-1 所示。

★ 提示:

电烙铁使用注意事项如下:

(1) 电烙铁在使用中,不能用力敲击,要防止跌落;烙铁头上焊锡较多时,可用百洁布擦拭,不可乱甩,以防烫伤他人。

(2) 焊接过程中烙铁不能随便乱放,不焊接时应将烙铁放在烙铁架上,以免烫坏其他物品。同时注意电源线不要被烙铁烫伤,以防止出现安全事故。

图 2-1 电烙铁、烙铁架

(3) 焊接中要保持烙铁头的清洁,可用浸湿的百洁布或湿海绵及时地进行擦拭。

(4) 烙铁不用时要关闭电源,拔下插头,等烙铁完全冷却后,再将电烙铁收到工具箱。

二、斜口钳

斜口钳的实物如图 2-2 所示,斜口钳主要用于剪切导线,尤其适合用来剪除印制线路板插装焊接元器件后留下的引脚和粗细合适的导线及塑料导管。

★ 提示:

注意不能用来剪切较粗的钢丝及螺钉等硬物,严禁使用塑料套已损坏的斜口钳剪切带电导线,以免发生触电事故。剪线时,要使钳头朝下,在不变动方向时可用另一只手遮挡,防止剪下的线头飞出伤眼。

项目二　点亮发光二极管

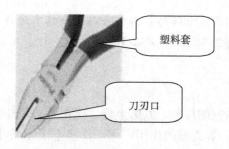

图2-2　斜口钳

三、镊子

镊子的实物如图2-3所示，镊子的主要作用是用来夹取元件及对元件引脚弯脚成形。

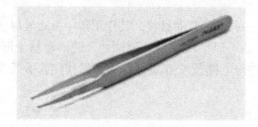

图2-3　镊子

【常用装配材料】

一、万能板

万能板是一种由许多相互不连接的焊盘组成的电路板，主要为了方便电路连线，不需要对印制电路板进行绘制、腐蚀、钻孔，只需要连线即可进行电路的装配。万能板结构如图2-4所示。

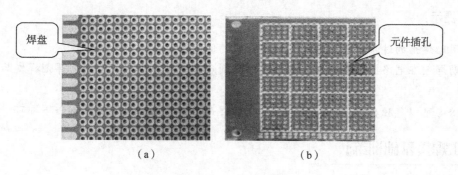

(a)　　　　　　　　　(b)

图2-4　万能板结构
(a) 铜箔走线面；(b) 元件面

★ 提示：

国际电工委员会（IEC）规定格距为2.54 mm（0.1英寸），称为1个IC间距离。目前大部分双列直插、单列直插集成电路的管脚都采用这个标准距离为管脚间距。在万能板中，每个相邻焊盘之间的距离为2.54 mm，符合IEC的规定。

二、焊锡

焊锡指的是锡铅合金系列的焊料，其熔点低，能在183 ℃时熔化，在电子装配中常用的是焊锡丝，如图2-5所示。焊锡丝的作用：用于焊接电子元器件，且最好使用低熔点的焊锡丝。

由于焊锡丝成分中，铅占一定比例，众所周知铅是对人体有害的重金属，因此操作时应戴手套或操作后立即洗手，避免食入。

三、助焊剂

助焊剂简称焊剂，是一种焊接辅助材料，其作用是：去除被焊金属表面氧化物并防止焊接时金属表面再次氧化，还可以增加焊锡的流动性，使焊点易于形成。松香是常用的助焊剂，如图2-6所示。松香对电路板没有腐蚀作用，但使用松香后的焊点有斑点，不美观，可以用酒精棉球擦净。

图2-5 焊锡丝

图2-6 松香

★ 提示：

使用助焊剂的过程中要注意以下几个方面的问题：

①助焊剂在电烙铁上会挥发，在搪过助焊剂后要立即去焊接，否则助焊剂挥发后就不起作用了。

②松香可以单独盛在一个铁盒子里，搪助焊剂时，烙铁头在松香上碰一下即可。

【手工焊接基础训练】

手工焊接看起来很简单，但要保证高质量的焊接却相当不容易，因为手工焊接的质量受诸多因素的影响及控制，必须大量实践，不断积累经验，才能真正掌握这门技术。

一、电烙铁握法

手工焊接或拆焊时，电烙铁要拿稳对准，电烙铁的握法如图2-7所示，就像拿笔写字一样，适用于小功率电烙铁和热容量小的被焊件的焊接。

二、焊锡丝拿法

手工焊接时通常右手握电烙铁，左手拿焊锡丝，帮助电烙铁吸取焊料。拿焊锡丝的方法如图2-8所示。

图2-7 电烙铁握法

图2-8 焊锡丝的拿法

三、电烙铁镀锡

镀锡也叫"搪锡"，就是把金属表面用液态焊锡浸润，形成一层不同于被焊金属也不同于焊锡的结合层，可以更有效地把焊锡和待焊金属牢固地连接起来。

新购的长寿命电烙铁，要重视第一次使用时烙铁头镀锡的方法，若烙铁头没有先镀上锡则会被氧化层包围，在焊接过程中会出现熔化不了焊锡或熔化的焊锡沾不上烙铁却自行滚下来的现象。

新购的电烙铁镀锡方法：

第一步： 插上电烙铁的电源线插头通电。

第二步： 在见到烙铁头冒烟时，将焊锡置入到烙铁头上，直至整个烙铁头表面均匀镀上一层锡为止。

烙铁头经这样处理后，即完成镀锡过程，有了镀锡层的电烙铁就好使用了。任何电烙铁在使用一段时间后，由于高温氧化及焊料的腐蚀作用，烙铁头表面会变黑"烧死"，应注意及时清洗和修理。

四、手工焊接操作方法

手工焊接主要采用五步操作法，如图2-9所示。

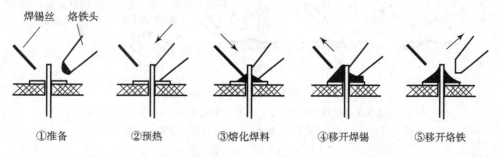

图2-9 手工焊接步骤

第一步：准备阶段。

烙铁头和焊锡丝同时移向焊接点。如图 2-9 中①所示。

第二步：预热。

把烙铁头放在被焊部位上进行加热，如图 2-9 中②所示。注意要把烙铁头靠紧接触电路板焊盘与元件引线的焊接部位，如图 2-10 中（c）所示，必须同时对铜焊盘与元件引线加热，不可像图 2-10 中（a）、（b）那样"偏左、偏右"。前者烙铁头仅与引线接触，而与焊盘不接触；后者则烙铁头仅与焊盘接触却未与元件引线接触，都是不正确的。

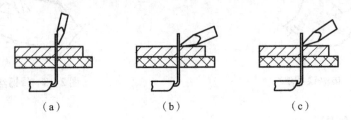

图 2-10 焊接时电烙铁位置

★ **提示：**

在手持电烙铁焊接时，不要用烙铁头来回摩擦焊接面或用力接触，实际上只要加大烙铁头斜面镀锡部分与焊接面的接触面，就能有效地把热量由烙铁头导入焊点部分。

第三步：放上焊锡丝。

被焊部位加热到一定温度后（预热大概 1 秒钟），立即将左手的焊锡丝放到焊接部位，熔化焊锡丝，如图 2-9 中③所示。有些初学者用烙铁头先上焊锡再焊接，这种方法不可取。

第四步：移开焊锡丝。

当焊锡丝熔化到一定量后（1~2 秒钟即可完成熔化），此时应迅速从斜上方撤离焊锡丝，如图 2-9 中④所示。

第五步：移开电烙铁。

当焊料扩散到一定范围后，移开电烙铁，如图 2-9 中⑤所示。撤离电烙铁的方法如图 2-11 所示。

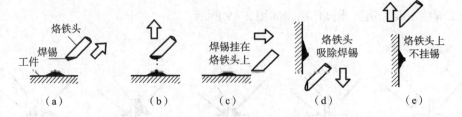

图 2-11 烙铁撤离方向与焊锡量的关系

(a) 沿烙铁轴向 45°方向撤离；(b) 向上方撤离；(c) 水平方向撤离；
(d) 垂直向下撤离；(e) 垂直向上撤离

电烙铁不同的撤离方法，产生的效果也不一样。掌握好电烙铁的撤离方向，可带走多余的焊料，从而能控制焊点的形成。因此，合理地利用电烙铁的撤离方向，可以提高焊点的质量。

各步骤之间停留的时间对保证焊接质量至关重要,只有通过不断地实践才能逐步掌握。

★ 提示:

电烙铁撤离时先迅速将烙铁旋转45°,并沿斜上方移开,就会得到合格的焊点。注意移开电烙铁后,待焊点上的焊锡完全凝固(需2~4秒时间才能完全凝固),再松开固定元器件的镊子或尖嘴钳,否则可能造成焊接件引线脱出,焊点表面呈豆腐渣样。

【课堂练习】

1. 斜口钳的用途是剥线、剪断任何导线。(对的打"√",错的打"×")
2. 在电子电路制作中可以用镊子夹元件。(对的打"√",错的打"×")
3. 含铅焊锡有对人体有害的重金属,因此操作时应戴手套或操作后立即洗手,避免食入。(对的打"√",错的打"×")
4. 焊接点没有焊接好时,应该继续加热焊接直到将焊点焊好。(对的打"√",错的打"×")
5. 锡焊是使焊件与焊料产生合金,使元件与焊盘牢牢固定。(对的打"√",错的打"×")
6. 直接用电烙铁头对塑料加热剥线比较方便。(对的打"√",错的打"×")
7. 新购的电烙铁,要重视第一次加热时给烙铁头镀锡。(对的打"√",错的打"×")
8. 万能板是一种由许多_____的焊盘组成的印制电路板。
9. 焊剂又称为助焊剂,其作用是_____和_____。
10. 电烙铁由_____、_____、_____、_____和_____等几部分组成。
11. 适用于_____电烙铁和热容量小的焊接的电烙铁握法通常采用_____。
12. 手工焊接主要采用五步操作法_____、_____、_____、_____、_____。

【评 价】

任务二 点亮发光二极管电路识图

【学习目标】

◆ 认识发光二极管。
◆ 点亮发光二极管电路识图。
◆ 轻触按键开关控制点亮发光二极管电路识图。
◆ 1N4148二极管控制点亮发光二极管电路识图。

【认识发光二极管】

发光二极管是半导体二极管的一种，可以把电能转化成光能，常简写为 LED。常用的是发红光、绿光或黄光的二极管，如图 2-12 所示。

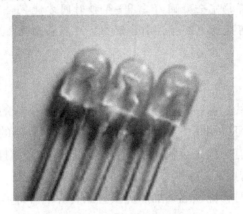

图 2-12 发光二极管实物

发光二极管用字母 D 或 VD 表示，电路符号及正负极如图 2-13 所示。

检测发光二极管主要是分辨正负极性及检测发光是否正常。

第一步：区分发光管正负极性。

发光二极管是二极管的一种，都有正负极性。对于新的还未使用过的发光二极管，可以根据发光二极管引脚的长短来判断，长脚是正极，短脚是负极，如图 2-14 所示。如果是已经使用过的，就需要通过万用表检测来区分。

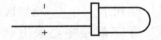

图 2-13 发光二极管的电路符号及正负极　　　　图 2-14 发光二极管正负极特点

★ 提示：

区分发光二极管的正负极，也可以通过仔细观察管子内部的电极，较小的是正极，大的类似于碗状的是负极。不过这只是一般的情况，有些红外发光二极管则刚好相反。

第二步：选择检测挡位。

大部分数字万用表都有"⟶⊳⊢⟵"挡，主要用于测量二极管。可以用这个挡位测量发光二极管。

第三步：检测并判断。

数字万用表红表笔接发光二极管正极，黑表笔接负极，这时发光二极管会发出相应颜色的光，说明发光二极管是好的。反向接时是不会发光的，因此在不知引脚正负极时，可以通过检测来区分，当检测时发光二极管能发出相应的光时，红表笔接的是正极，黑表笔为负极。

★ 提示：

发光二极管的发展很迅速，针对某些二极管的测量要不断地学习新知识和实践，在实践中掌握新材料的特点。

【课堂练习】

1. 发光二极管是_____的一种，可以把电能转化成_____能，常简写为LED。
2. 发光二极管的文字符号用_____表示，电路符号用_____表示。
3. 若目测判断新的发光二极管，则_____脚为正极，_____脚为负极。
4. 发光二极管发的光都是红色。（对的打"√"，错的打"×"）
5. 发光二极管是特殊二极管，所以引脚不分正负。（对的打"√"，错的打"×"）
6. 用一些发光二极管进行实测。

你用_____挡位测量的，发光二极管发的是_____色光，哪个引脚是正极_____。

【评　价】

【点亮发光二极管电路识图】

发光二极管怎么点亮呢？下面我们看一个电路，电路连接关系如图2-15所示。

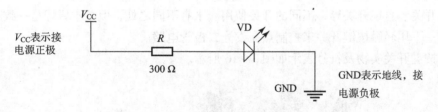

图 2-15　电路

由图2-15可知，电路只需要两个元件：一个300 Ω的电阻R，一个发光二极管VD，其连接关系是：电源正极接300 Ω电阻R的一个脚，300 Ω电阻R另一个脚接发光二极管VD的正极，发光二极管VD的负极接地线，即电源的负极。

发光二极管为什么能够点亮呢？原因是发光二极管只要通过一定的电流，就会被点亮，发出相应颜色的光。电流越小，发出的光越暗，电流越大，光就越亮。但是电流必须在发光二极管允许的电流范围内，否则电流过小不能点亮，电流过大会使发光二极管烧坏。不同类型的发光二极管有不同的电流允许范围。

怎样控制流过二极管的电流呢？就是用电阻，电阻有阻碍电流流动的作用，即控制电路流过的电流大小。阻值不同，流过发光二极管的电流大小也就不一样，电流的大小可通过计算的方法和测量的方法得到。

根据元件连接关系可知,这是一个串联电路,5 V 电源的正极经 300 Ω 电阻 R 限流后进入发光二极管 VD,再回到电源负极,形成通路,发光二极管流过一定的电流,因此被点亮,发出相应颜色的光。

【课堂练习】

1. 看图 2-15,发光二极管的_____极与代号为 R 的_____(填元件类型)相连。
2. 在发光二极管电流允许范围内,电流越大则发光量_____。
3. 为了节约,不要 R 这个电阻也是可以的。(对的打"√",错的打"×")
4. 图 2-15 中的发光二极管一接上电源就亮。(对的打"√",错的打"×")
5. ⏚ 这个符号是_____。
6. 电路中用到了一个 300 Ω 的电阻,如果不用电阻,或用其他阻值的电阻,情况会是怎样呢?_____

【评　价】

【轻触按键开关控制发光二极管电路识图】

现实生活中,经常会用到开关来控制电路的工作状态。开关有很多种,如轻触按键开关、拨动开关、自锁开关等,不同的开关使用起来有不同之处,但基本原理是一致的。下面我们来看一下用轻触按键开关来控制点亮发光二极管电路。

轻触按键开关实物及符号表示如图 2-16 所示。

图 2-16　按键开关实物与符号

无论是什么开关,开关的状态只有通和断两种。轻触按键开关按下去时开关是导通的,弹起来时开关是断开的。按理来说,开关应该只有两个端,但是轻触按键开关有 4 个引脚,这就要区分清楚开关的两端。如果是新的未使用的开关,可通过引脚内侧的槽来区分,如图 2-17 所示,槽将四个引脚分到了两边,即是开关的两端,同一边的两个引脚就是开关的一端,两引脚内部是连通的。而且可以观察到,同一边比不同边引脚宽度要宽一些。

除了目测区分,也可以用万用表电阻挡来区分,同时也检测了开关的好坏。其方法为:

将万用表拨到电阻挡 200 Ω 量程（其他量程也可以），分别测两引脚阻值，若测得阻值为 0 Ω，所对应的引脚即为同一端；若阻值为"1"（表示无穷大），就不是同一端的引脚。

开关除了区分两端外，还要检测两端接触性能是否良好。方法与区分两端的方法类似，这时开关按下时若测得两端阻值为 0 Ω，则开关接触性能良好，若测得有一定阻值或是无穷大，说明开关已损坏，不能使用。

另外，开关两端的绝缘电阻也是一个重要参数，开关未按下时，两端应该是完全断开的，绝缘电阻应是无穷大，若测得阻值为 0 Ω 或有一定阻值，说明开关短路或绝缘电阻小，已经损坏。

图 2-17 轻触按键开关

★ 提示：

有些数字万用表在电阻区有蜂鸣功能挡，一般在 200 Ω 挡，有些是单独一个蜂鸣功能挡，当所测阻值小于 20 Ω 左右时万用表发出蜂鸣声。因此，也可以用此挡来检测区分开关的引脚。另外，测量元件与元件之间连接关系的正确性和连通性，也可用这个方法来判断。

如图 2-18 所示，是用轻触按键开关控制点亮发光二极管电路，电路连接关系是：电源正极经开关的一端，开关的另一端经 300 Ω 电阻 R 限流，再流经发光二极管 VD 到电源负极，形成闭合回路。很明显，开关断开时，发光二极管不能点亮，只有当开关闭合时，发光二极管才能被点亮。

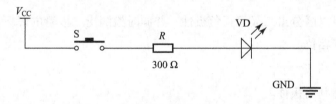

图 2-18 有轻触按键控制的发光二极管电路图

【课堂练习】

1. 无论是什么开关，开关的状态只有_____和_____两种。
2. ─S─ 指_____。
3. 按下按键，用万用表_____挡测量任意两个引脚都显示"1"，说明开关_____。
4. 图 2-18 的发光二极管应该是加电就亮。（对的打"√"，错的打"×"）
5. 实测按键，找一找开关端。_____
_____

【评　价】

【二极管控制点亮发光二极管电路识图】

下面在电路中再加入一个新元器件：它是一个型号为 1N4148 的二极管，1N4148 是二极管的一种，之前学过的发光二极管也是二极管中的一种。

物质按导电能力分为导体、半导体、绝缘体三大类。半导体器件多以硅或锗的单晶体为基本材料，故半导体又常称为"晶体管"。以硅或锗等半导体为材料，掺入其他的少量物质形成 P 型或 N 型半导体，将 P 型和 N 型半导体结合在一起形成 PN 结，PN 结的基本特征是单向导电性。P 型上引出正极，N 型上引出负极，做成二极管，如图 2-19 所示。

二极管用文字符号"VD"表示，有正负极性，二极管的电路符号及正负极性标示如图 2-20 所示。

二极管的正负极性可以直接从外观上区分，如图 2-21 所示，二极管其中一端有白、黑或黄色环，这端是二极管的负极，另一端为正极。

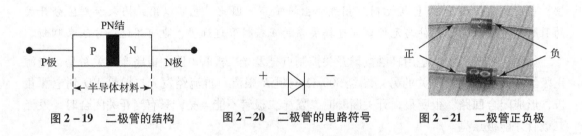

图 2-19 二极管的结构　　　图 2-20 二极管的电路符号　　　图 2-21 二极管正负极

用万用表也可以区分出二极管正负极性，并同时检测出二极管的好坏。方法如下：

第一步：选择挡位。

将测量挡位拨到"─▷├─"挡。

第二步：测量判断极性。

将表笔接二极管两端，观察显示屏，若显示为"400~700"的数字，这时红表笔接的一端为正极，另一端为负极。若显示为"1"时，将表笔对调后再测。

第三步：判断好坏。

将红表笔接正极，黑表笔接负极（正向测量），发现表显示"400~700"；红表笔接负极，黑表笔接正极（反向测量）表显示"1"时，表明二极管基本是好的。

若正向和反向测量发现"显示值"都很小，表明二极管内部已短路；若正向和反向测量发现"显示值"都很大，表明二极管已开路。

★ 提示：

用数字万用表"─▷├─"挡测量二极管或三极管"PN"结时，显示的是"PN"结两端的电压，单位是"mV"，如显示"700"，表示 0.7 V，而不是"700 Ω"。

电路如图 2-22 所示，由图可知，二极管 1N4148 的正极接高电平方向，负极接低电平方向，这种连接方式称为二极管的正向连接。

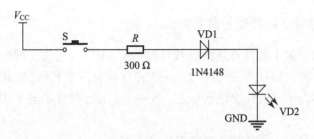

图 2-22 二极管控制点亮发光二极管电路图

当开关按下时，发光管被点亮，说明二极管 VD1 在正向连接时对电流的阻碍能力很小，二极管会有电流从正极流向负极。因此可以得出结论：二极管正向导通，正向导通时所呈现的阻值很小。

电路如图 2-23 所示，由图可知，二极管 1N4148 的负极接高电平方向，正极接低电平方向，这种连接方式称为二极管的反向连接。

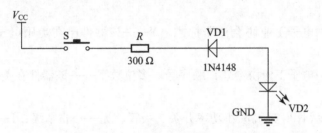

图 2-23 二极管反接电路图

当开关按下时，发光管不能点亮，说明二极管 VD1 在反向连接时对电流的阻碍能力很大，二极管没有电流从负极流向正极。因此得出结论：二极管反向截止，反向截止时呈现的阻值很大。

二极管正向导通、反向截止这种特性称为二极管的单向导电性，其特点是正向电阻小，反向电阻大。

【半导体器件的命名方法】

一、中国半导体器件型号命名方法

半导体器件型号一般由五部分组成。五个部分意义如下：

第一部分：用数字表示半导体器件有效电极数目。2——二极管；3——三极管。

第二部分：用汉语拼音字母表示半导体器件的材料和极性。

第三部分：用汉语拼音字母表示半导体器件的类型。

第四部分：用数字表示序号。

第五部分：用汉语拼音字母表示规格号。

二、日本半导体分立器件型号命名方法

第一部分：用数字表示器件有效电极数目或类型。0——光电（即光敏）二极管、三极管及上述器件的组合管；1——二极管；2——三极或具有两个 PN 结的其他器件。

第二部分：日本电子工业协会注册标志。S——表示已在日本电子工业协会注册登记的半导体分立器件。

第三部分：用字母表示器件使用材料极性和类型。

第四部分：用数字表示在日本电子工业协会 JEIA 登记的顺序号。

第五部分：用字母表示同一型号的改进型产品标志。

三、美国电子工业协会半导体分立器件命名方法

第一部分：用符号表示器件用途的类型。JAN——军级、；（无）——非军用品。

第二部分：用数字表示 PN 结数目。1——二极管；2——三极管；3——3 个 PN 结器件；n——n 个 PN 结器件。

第三部分：美国电子工业协会注册标志。N——该器件已在美国电子工业协会（EIA）注册登记。

第四部分：美国电子工业协会登记顺序号。多位数字——该器件在美国电子工业协会登记的顺序号。

如：1N4148 表示 NPN 硅高频小功率开关二极管。无——非军级；1——二极管；N——EIA 注册标志；4148 登记顺序号。

【课堂练习】

1. 1N4148 是指_____的型号，是以_____国电子工业协会命名的半导体器件。
2. 物质按导电能力分类，二极管属于哪种？_____。
3. 以硅或锗等半导体为材料，掺入其他的少量物质形成_____型或_____型半导体。
4. 二极管的正负极性可以直接从外观上区分，二极管其中一端有白、黑或黄色环，这端是二极管的_____极。
5. 用_____挡测量二极管，显示"700"指 700 _____。
6. 二极管的重要特点是_____，正向导通时所呈现的_____。
7. 用数字万用表测量二极管性能好坏时，应把挡位拨到欧姆挡。（对的打"√"，错的打"×"）
8. 图 2-22 中 VD1 的负极与 VD2 的正极相连。（对的打"√"，错的打"×"）
9. 图 2-23 中发光二极管能够点亮，由于有电压，电路形成了一定大小的电流。（对的打"√"，错的打"×"）

【评　价】

任务三　点亮发光二极管电路的装配与调试

【学习目标】

◆ 点亮发光二极管电路装配图识读。
◆ 点亮发光二极管电路装配与调试。

【点亮发光二极管电路装配图识读】

一、元件封装

元件封装是指元件焊接到电路板时的外观和焊盘位置，保证元件的引脚和印制电路（PCB）板上的焊盘一致。既然元件封装只是元件的外观和焊盘位置，那么纯粹的元件封装仅仅是空间的概念，因此，不同的元件可以共用同一个元件封装；另一方面，同种元件也可以有不同的封装，所以在绘制电路装配图及焊接时，不仅要了解元件名称，还要了解元件的封装。

针脚式（直插式）元件焊接时先要将元件引脚插入焊盘导通孔，然后再焊接。针脚式元件封装的焊盘和过孔贯穿整个电路板，使用万能板装配时，在本电路中的元件封装形式如图 2-24 所示。

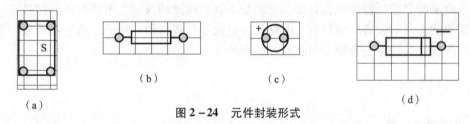

图 2-24　元件封装形式
(a) 轻触按键开关；(b) 电阻；(c) 发光二极管；(d) 二极管（1N4148）

二、点亮发光二极管电路装配图识读

任何电路的装配首要的任务就是读懂原理图和装配图，了解原理图中的符号代表的元器件，元件和元件之间的连接关系，电路的工作原理；了解装配图中的封装符号代表的元件，元件在万能板上的位置及各元件之间的连线关系，元件与原理图中对应的关系。原则上，原理图中的元件代号与装配图中的元件代号要一致。图 2-25 为点亮发光二极管的装配图，原

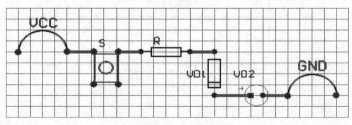

图 2-25　装配图

理图参看图 2-22。

【课堂练习】

1. 元件封装是指元件焊接到电路板时所指的_____和_____位置,保证元件的引脚和印制电路板上的_____一致。

2. 针脚式(直插式)元件焊接时先要将元件_____插入焊盘_____,然后再焊接。

3. 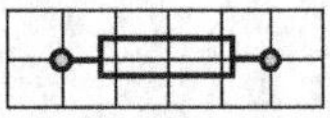 ▭ 是_____的封装形式;▭ 是_____的封装形式;

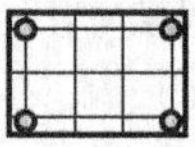

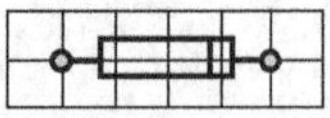

   ▭ 是_____的封装形式。

【评价】

【点亮发光二极管电路装配】

一、装配准备

在电路装配之前,需要准备好必要的装配工具、检测的仪表、电路制作的材料。一般电路制作需要的工具、仪表、材料有:电烙铁、烙铁架、斜口钳、镊子、数字万用表、直流稳压电源、焊锡、导线、松香以及电路需要的元件。

二、电路装配

1. 挑选清点元件

根据电路所需挑选元件,列出清单,并核对元件的数量和规格,如有短缺、差错应及时补缺和更换。点亮发光二极管电路所需的元件如表 2-1 所列的元件清单。

表 2-1 元件清单

元件代号	规格型号	数量
R	300 Ω	1
VD1	1N4148	1
VD2	Φ5 红	1
S	轻触按键	1

2. 检测元件

用数字万用表对元件进行检测并判断其好坏,测量电阻的阻值是否符合规格;判断开关的两端,并测量其导通性能;区分二极管1N4148和发光二极管的正负极性,对不符合质量要求的元器件剔除并更换。

★ 提示:

元器件的检测是一项基本功,如何准确有效地检测元器件的相关参数,判断元器件是否正常,不是一件简单的事,必须根据不同的元器件采用不同的方法,从而判断元器件正常与否。根据元器件清单进行检测,必须要做到无遗漏,把不符合要求的元器件检测出来。

3. 装配

元件插装时要对照电路装配图纸,找准位置,将对应元件插好,插装时注意元件插装的顺序,一般是由低到高插装。在本电路中,应先插装 300 Ω 电阻、1N4148 二极管,然后是轻触开关、发光二极管,同时,插装时注意区分轻触开关的两端,二极管的正负极性。

同时还要注意元件的插装形式,电阻、二极管采用卧式贴板安装,开关贴板安装,发光二极管立式安装,引脚高度 2 mm。

4. 电源接口制作

为了电路调试方便,在电源接口处安装接线柱,也可以安装电源插座,若无特别制作要求,本书中都使用接线柱,将导线剥去绝缘层后弯成半弧形状,作为元件安装在元件面焊好,如图 2-26 所示。

图 2-26 电源接口

【做中学】

1. 装配前需要准备工具、_____、材料等。
2. 电路装配步骤_____,_____,_____。
3. 元件装配前一定要_____,否则电路可能会出现问题。
4. 元件插装时要对照电路_____,找准位置,将对应元件插好,插装时注意元件插装的顺序,一般是由____到____插装。
5. 电阻、二极管采用_____贴板安装,开关_____安装,发光二极管引脚高度____mm 安装。
6. 图 2-27 中的弧形接线柱是为了_____方便。

【评　价】

【点亮发光二极管电路调试】

一、直流稳压电源功能

任何电路制作好后，都需要有电源供电才能工作，才能检测和调试电路功能。在本书中制作的电路一般需要 5~10 V 直流电压，兆信 PXN—1502A 型直流稳压电源可以满足要求，如图 2-27 所示。

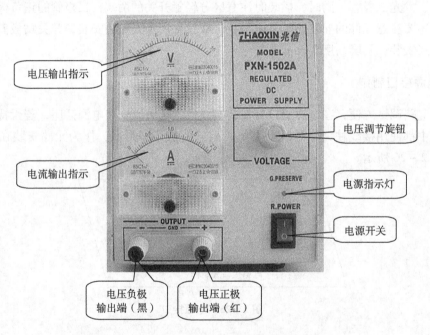

图 2-27　兆信 PXN—1502A 型直流稳压电源

二、直流稳压电源使用方法

（1）将电压调节旋钮逆时针调到底。
（2）打开电源开关。
（3）调节电压调节旋钮，将电压调到设定的电压值。
（4）读数：稳压电源满量程为 15 V，共有 30 小格，推算 0.5 V/格，读数时观察指针指到的位置，看看指针距起点多少小格即可读出电压值。

三、电路功能调试

直流稳压电源输出的 5 V 电源供给点亮发光二极管电路，按下按键开关，观察现象，正常情况下，发光二极管应点亮。若不能点亮，应检查电源、元件极性及元件连接关系是否有问题，修改之后再进行调试。

四、数据测量与分析

【做中学】

1. 稳压电源输出端一般_____色线接正极，_____色线接负极，使用时防止正负电源线_____。
2. 稳压电源使用时应该将电压输出调至_____，防止开机时所接电路损坏。
3. 本电路要求稳压电源输出_____V。
4. 完成表2-2中的数据测量和计算。

表2-2　记录数据

测量和计算参数	数　据	测量和计算参数	数　据
V_{CC}		U_R	
U_{VD1}		$I = U_R/R$	
U_{VD2}			

5. 分析数据。

（1）二极管的正向压降_____；发光二极管的正向压降_____。结论：二极管压降不同。

（2）V_{CC}与U_{VD1}、U_{VD2}、U_R的关系为：_____。

（3）计算发光二极管VD1的电流_____。

【评　价】

训练与巩固

一、填空题

1. 物质按导电能力分为_____、_____、_____三大类。
2. 良好的发光二极管通过一定_____，发光管就会发光。
3. 将万用表的挡位拨到_____挡，红表笔接_____极，黑表笔接_____极，这时二极管会发出相应颜色的光，表明发光二极管是_____。
4. 当普通硅二极管导通后，则正向压降一般为_____V。
5. 不同的元件可以_____同一个元件封装，有时电阻的封装形式可以用二极管代用。

6. 松香是_____，在电路焊接中起到重要作用。

7. 1N4148 中的"1"指半导体中含一个_____；N 表示已经在 EIA _____。

8. 轻触按键的电路符号是_____。

9. 图 2-22 中发光二极管的负极接_____。如果没有接到，发光二极管不会_____。

10. 图 2-22 原理图中电阻变成 100 kΩ 时，发光二极管应该_____。

二、单项选择题

1. 半导体的导电能力（　　）。
①很强　　　　　　②较弱　　　　　　③不导电　　　　　　④不确定

2. 硅晶体属于以下哪类物质？（　　）
①导体　　　　　　②半导体　　　　　　③绝缘体　　　　　　④以上都不是

3. 二极管的种类很多，不同种类的二极管其外形也是不一样的，下面哪一种是发光二极管？（　　）

① 　　　　　　② 　　　　　　③　　　　　　④

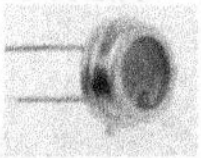

4. 二极管具有单向导电性，即正向导通、反向截止，若 R 电阻值为 1 kΩ，VD 是 1N4148，试判断图 2-28 中的二极管所处的状态。（　　）
①正向导通　　　　②反向导通　　　　③反向截止　　　　④不确定

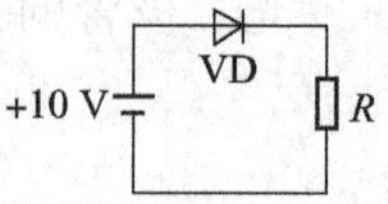

图 2-28　单项选择题 4 的图

5. 本电路装配的顺序应该是（　　）。
①先装发光二极管　　　　　　　　　②先装电阻和二极管
③先装按键开关　　　　　　　　　　④先装电源接线柱

6. 在电子线路中用规定的电路图形符号来代表二极管，请选出目前使用的二极管电路图形符号的选项（　　）

① 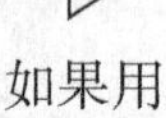　　　　　　② 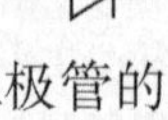　　　　　　③ 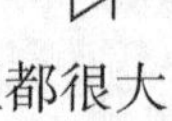　　　　　　④

7. 如果用万用表测量得二极管的正、反向电阻都很大，则二极管（　　）。
①特性良好　　　　②已被击穿　　　　③内部开路　　　　④内部短路

8. 二极管两端加上一定的正向偏压时（　　）。
①导通　　　　　　②不导通　　　　　③二极管击穿　　　④不能确定

9. 当硅晶体二极管加上 0.3 V 正电压时，该晶体二极管相当于（　　）。
①小阻值电阻　　　②阻值很大的电阻　③内部短路　　　　④不确定

10. 斜口钳的作用是（　　）。
①剥去导线的绝缘层　　　　　　　　②去掉漆包线的绝缘层

③剪断元件引脚 ④不确定

三、判断题（正确的打"√"，错误的打"×"）

1. 万能板可以比较方便地搭接电子电路。（　　）
2. 图"—▷▏—"是二极管的电路符号。（　　）
3. 可以用剪刀剪元件的引脚。（　　）
4. 判断发光二极管的正负可以观察引脚，长的是正极。（　　）
5. 轻触按键按下时引脚两端的电阻应该为 100 Ω。（　　）
6. 一般用斜口钳剪元件引脚和单芯线等。（　　）
7. VD 是发光二极管的电路文字符号。（　　）
8. 二极管有单向性，所以图 2 - 23 中二极管接反后，就没有电流能够从电源正极流到负极了。（　　）
9. 图 2 - 29 与图 2 - 22 有区别，所以按键按下后发光管不会亮。（　　）

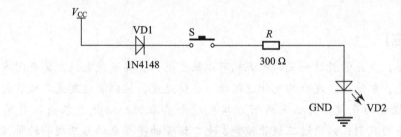

图 2 - 29　判断题 9 的图

10. 图 2 - 26 中两个弧形导线是为了电路更美观。（　　）

四、简述题

1. 简单写出电路装配步骤。
（1）_____ （2）_____ （3）_____
（4）_____ （5）_____。
2. 写一份学习心得体会（至少 50 字）。

项目三

会变亮的发光管

【情景描述】

　　我们已经知道，发光管流过一定的电流就可以被点亮，在其发光电流允许范围内，电流大，发出的光就亮，电流小，发出的光相应就暗。也就是说，控制流过发光二极管的电流就可以改变发光二极管的亮度。什么元件可以实现这个要求呢？这就是本项目要学习的器件——三极管，下面我们开始通过三极管控制发光二极管的亮度来学习三极管的特性及在电路中的应用。

【任务分解】

➤ 任务一　三极管的识读与检测
➤ 任务二　三极管工作状态测试电路识图
➤ 任务三　三极管工作状态测试电路的装配
➤ 任务四　三极管工作状态测试电路的调试

任务一　三极管的识读与检测

【学习目标】

　　◆ 掌握三极管的识读方法。
　　◆ 掌握三极管检测技能。

　　三极管的用途非常广泛，它的应用知识是学习电子技术的核心。三极管在电路中起着信号放大和电路控制的作用。掌握三极管的工作原理和应用，对我们后续电路的制作和维修工作起着至关重要的作用。三极管有不同种类、不同的功能，外观上也是相差比较大的，在本项目电路中应用的三极管型号为 S9013，实物如图 3-1 所示。

图 3-1 三极管

【三极管的识读】

一、三极管的结构

半导体三极管的核心是由两个背对背靠得很近的 PN 结组成的半导体芯片，两个 PN 结把半导体芯片分成 3 个区，其排列的方式有 NPN、PNP 两种，如图 3-2 所示。3 个区域分别焊接上引出线，再加上管壳封装即成三极管，图中 3 个区分别称为发射区、基区、集电区，相应区上映出的电极称为发射极、基极、集电极，并分别记作 e、b、c。位于发射区与基区之间的 PN 结称为发射结，位于基区与集电区之间的 PN 结称为集电结。

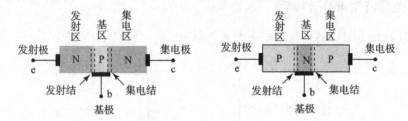

图 3-2 三极管的结构

二、三极管的符号

图 3-3 是 NPN 和 PNP 两类三极管电路符号，带箭头的一端代表发射极 e。

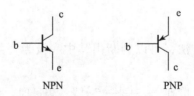

图 3-3 三极管电路符号

三极管的文字符号通常以"VT"表示。

★ 提示：

三极管的文字符号表示有"BG"、"V"、"Q"等多种符号，都表示三极管。

三、电流方向

NPN 型和 PNP 型三极管的电流流向如图 3-4 所示，图中所示电流 I_e、I_b 和 I_c 的实际方向通常就作为各个电流的正方向。流过三极管的电流符合基尔霍夫定律：

$$I_e = I_c + I_b$$

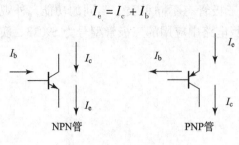

图 3-4　电流分配图

【三极管的检测】

三极管 3 个引脚的区分、判断是学习电子技术的基本技能，是电子电路组装、调试、维修的基础，是非常重要的。必须通过长期的操作训练，熟练掌握这个技能。

一、三极管极性和管型判断

三极管从结构上可以被看作是两个背靠背的 PN 结，如图 3-5 所示。

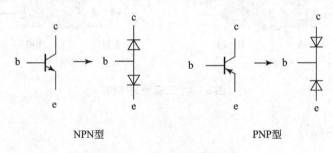

图 3-5　三极管结构等效图

1. 找出 b 极

按照判断二极管极性的方法，可以判断出其中一极为公共正极或公共负极，此极为基极，即 b 极。

第一步：将万用表的挡位拨到"——▷├——"挡，测量时，任意选取三极管的两个引脚进行测量，直到数字显示为"400～700"范围内的情况，可以判断所测两个引脚必有一个是 b 极。

第二步：任意固定其中一个表笔不动，移出另一支表笔，接到三极管的第三脚，这时会有两个结果。

（1）若数字显示在"400～700"范围内，说明固定不动的表笔接到的引脚为 b 极，这时看看这个表笔的颜色，若是红表笔可以判断三极管是 NPN 管，若是黑表笔可以判断三极管是 PNP 管。

（2）若出现数字为"1"，那么第一次测量三极管两个引脚中，表笔移开的那个引脚是 b 极。确定 b 极后，返回到前一次测量状态，看看这时接到 b 极的表笔的颜色，是黑表笔可以判断三极管是 PNP 管，是红表笔可以判断三极管是 NPN 管。

2. 找出 c、e 极

确定 b 极后再测量 b 极与另外两个引脚的读数,读数较小的是 c 极,读数较大的是 e 极。

★ 提示:

三极管管脚排列有一定的规律,对于一些常用的三极管要记住它的规律。

二、三极管好坏的判断

按以上方法测量时,若两次读数都在 400~700 范围内,则三极管为正常,若有一组数据不正常,则三极管为坏的。测量 c、e 两脚,如果读数为 "0",说明三极管 c、e 之间短路或击穿。

【课堂练习】

1. 三极管在电路中起着_____和_____的作用。
2. 两个 PN 结把半导体芯片分成 3 个区,其排列的方式有_____、_____两种。
3. 三极管的文字符号为_____。
4. [图] 是_____型三极管;[图] 是_____型三极管。
5. 发射区、基区、集电区上映出的电极称为_____极、_____极、_____极,并分别记作_____、_____、_____。
5. 准备若干不同型号的三极管,通过测量判断三极管的管型、管脚的排列,将测量结果填入表 3-1 中。

表 3-1 记录测量结果

三极管型号	管型	管脚的排列		
		脚 1	脚 2	脚 3

说明:(1) 三极管的型号印在三极管表面上,如 "S9013" 或 "A1015" 等。
(2) 管型是指 PNP 型或 NPN 型。
(3) 管脚排列是指按图所示(图是文字面面对自己,引脚朝下,编号从左往右为 1、2、3),将所判断的引脚,比如测量后判断 "2" 的位置是 b 极,将 "b" 填入表中 "脚 2" 一栏,以此类推。

【评　价】

任务二　三极管工作状态测试电路识图

【学习目标】

◆ 掌握三极管工作状态测试电路识图方法。
◆ 掌握三极管工作状态的特点。

三极管工作状态测试电路如图 3-6 所示。
电路连接关系描述如下：
$V_{CC} \to R_4 \to VD \to VT$ 的 ce 极 $\to GND$；
$V_{CC} \to R_1 \to R_P \to R_2 \to GND$；
$V_{CC} \to R_1 \to R_P$ 的可调端 $\to R_3 \to VT$ 的 be 极 $\to GND$。
流过三极管各极的电流符合基尔霍夫定律：
$$I_e = I_b + I_c$$
电路功能是：调节 R_P 电位器时，发光管的亮度会由不亮到亮度逐渐增加，直到亮度不变化。

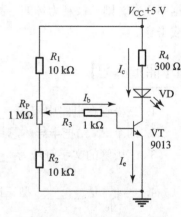

图 3-6　三极管测试原理图

【三极管的工作状态】

一、截止状态

在调节电位器到最底部时，发光管不亮，表明此时流过发光二极管的电流（即三极管 c 极电流）为 0 或很小，不足以使发光管点亮。因此，可以推导出，三极管的工作电流即 I_c 为 0 或很小，由于电位器调到最底部，三极管的 b 极电压很低，使得 I_b 很小，I_c、I_e 也为 0 或很小，此时称三极管处于截止状态。

这时三极管的集电极和发射极之间即 ce 极相当于一个很大的电阻（称为内阻），因此流过发光管的电流为 0 或很小。此时三极管的集电极电压 U_c 基本为 V_{CC}，即等于电源电压。

二、放大状态

当慢慢调节电位器时，发光管的亮度从微微亮逐渐增亮，表明此时流过发光管的电流在逐渐增加，即 I_c 在不断地增加。而此时随着电位器的调整，三极管 VT 的 b 极电压也在增加，I_b 也在不断增加。所以说，这时三极管的基极电流对集电流有控制作用，此时称三极管处于放大状态。它的特点是基极电流变化能引起集电极电流的相应变化，两者关系为：

$$I_c = \beta \cdot I_b$$

其中 β 为三极管的电流放大倍数，大小基本上是不变的，从这个关系中也可以看到：在放大状态时，有一个基极电流就有一个与之相对应的集电极电流。

此外，三极管基极电流的变化引起集电极电流相应的变化，相当于三极管 ce 极内阻也受基极电流大小的控制，基极电流大，其内阻小；基极电流小，其内阻相应要大。

图 3-7 是典型的放大电路。小信号 u_i 经过 C_1 输入到三极管 VT 组成的放大器中放大，再经 C_2 输出幅度较大的信号 u_o。

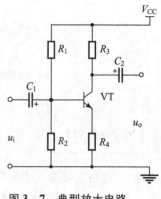

图 3-7 典型放大电路

三、饱和状态

当继续调节电位器时，发光管的亮度不再变化，表明此时流过发光管的电流不再有变化，即 I_c 不变，而此时三极管 VT 的 b 极电压增加，I_b 也增加，但 I_c 不再增加了，此时称三极管处于饱和状态。在饱和状态下，当基极电流增大时，集电极电流几乎不再增大，基极电流已无法控制集电极电流。

此时，三极管 ce 极内阻已经非常小，U_{ce} 电压基本为 0 V。

【三极管的作用】

利用三极管不同的工作状态，可以实现两方面作用，即电流放大作用和开关作用。

一、电流放大作用

由三极管的工作状态可知，三极管是一个电流控制器件，它用基极电流 I_b 来控制集电极电流 I_c，没有 I_b 就没有 I_c，只要有一个很小的 I_b，就有一个很大的 I_c。在放大电路中，就是利用三极管这一特性来放大信号的。

二、开关作用

当三极管用于控制电路中时，工作在截止和饱和两个状态。

三极管控制电路中，三极管的集电极 c 和发射极 e 相当于一个开关的两端，b 极相当于开关的按钮。

三极管在截止状态下，I_b、I_c 都很小，三极管 c、e 之间的内阻很大，相当于开关的断开状态。如图 3-8（a）所示，用一个未按下的按键开关来表示，这时的 c、e 间开路。

三极管在饱和状态下，I_b 对 I_c 的控制能力消失，三极管 c、e 之间的内阻很小，相当于开关的接通状态。如图 3-8（b）所示，用一个按键开关按下来表示，箭头所指方向是按键按下或拉动按键的方向，也可以表示基极电流 I_b 的方向，这时的 c、e 接通。所以，NPN 管导通需要的 I_b 是由 b 极流向 e 极，导通后，I_c 是由 c 极流向 e 极；PNP 管导通需要的 I_b 是由 e 极流向 b 极，导通后，I_c 是由 e 极流向 c 极。

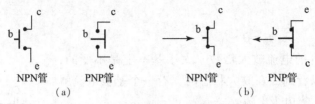

NPN管　PNP管　　NPN管　　PNP管
(a)　　　　　　　(b)

图 3-8　三极管截止、饱和等效图

【课堂练习】

1. 电路连接关系中元件连接 $V_{CC} \to R_4 \to$ _____ $\to$ VT 的 ce 极 $\to$ _____ 。

2. I_b 很小，I_c、I_e 也为 0 或很小，此时称三极管处于_____状态；I_b 增加但 I_c 却不再增加了，此时三极管处于_____状态。

3. 图 相当于_____型三极管_____状态；图 相当于_____型三极管_____状态；

图 相当于_____型三极管_____状态；图 相当于_____型三极管_____状态。

4. $I_c = \beta \cdot I_b$ 这个公式只在_____状态成立。

5. 图 3-6 中，三极管 VT 处在饱和状态时，VT 的 c 极电压几乎为 V_{CC}。（对的打"√"，错的打"×"）

6. 图 3-6 中，三极管 VT 处在截止状态时，VT 的 c 极电压几乎为 V_{CC}。（对的打"√"，错的打"×"）

7. 放大状态时集电极电流 I_c 随着基极电流 I_b 变动而变动。（对的打"√"，错的打"×"）

8. 三极管在放大状态时起放大信号作用，在控制电路起到开关作用。（对的打"√"，错的打"×"）

【评　价】

任务三　三极管工作状态测试电路的装配

【学习目标】

◆ 学习三极管工作状态测试电路的装配知识。
◆ 掌握三极管工作状态测试电路的装配技能。

【三极管工作状态测试电路装配】

一、电路装配图识读

1. 元件封装识读

在电路中，新增了三极管和电位器两个元件，封装如图3-9所示。

2. 装配图识读

装配图如图3-10所示。

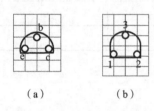

图3-9　电路相关元件封装
（a）三极管；（b）电位器

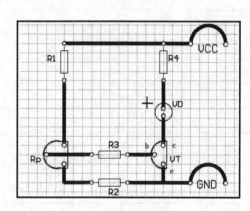

图3-10　装配图

二、装配准备工作

在电路装配之前，需要准备好必要的装配工具、检测的仪表、电路制作的材料。

三、挑选清点元件

根据电路所需挑选元件，列出清单，并核对元件的数量和规格，如有短缺、差错应及时补缺和更换。

四、检测元件

用数字万用表对元件进行检测并判断其好坏，测量电阻的阻值是否符合规格；区分发光管的正负极性及三极管的管型、管脚排列，对不符合质量要求的元件剔除并更换。

【做中学】

1. 元件封装识图 指_____的封装；元件封装识图 指_____的

封装。

2. 需要哪些工具?

3. 需要哪些仪器仪表?

4. 请根据电路需要，列出元件清单，并记录于表3-2中。

表3-2 元件清单

元件代号	元件名称	规格型号	数量

5. 对元件逐一进行检测，将检测情况记录在表3-3中。

表3-3 记录检测情况

元件名称	规格	测量挡位	实测数据或状态	判断质量好坏

【评　价】

五、元件引脚加工处理

在组装电子产品时，为了便于安装和焊接，使元器件排列整齐、美观，提高装配质量和效率，加强电子设备的防振性和可靠性，特别是在自动焊接时防止元器件脱落、虚焊，减少焊点修整工时，减少元器件的热损坏率，元器件引脚成形是不可缺少的工艺流程。

1. 表面清洁处理

元器件的引线表面如有氧化层，在焊接之前，需先将引脚上的氧化层、杂质去掉，否则会使可焊性变差，易造成虚焊。经过清洁处理后，除去的氧化层即可镀锡。

2. 引脚成形

元器件引脚成形是指在焊接前把元器件引脚弯曲成一定的形状。引脚的成形要根据元件两引脚焊盘插孔之间的距离以及插装的要求来进行，目的是为了使元器件在印制板上的插装能迅速准确，并保证元器件在印制板上排列整齐美观，便于焊接。

对于轴向双引脚的元器件（如电阻、二极管等），通常可采用卧式成形和立式成形两种，如图 3-11 所示。

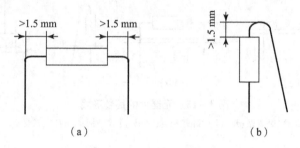

图 3-11　元器件引脚成形
（a）卧式成形；（b）立式成形

在业余条件下，元器件成形一般借助镊子来完成，对于引脚较粗的元器件可借助尖嘴钳来进行。成形时首先要将元器件引脚拉直、去除氧化层并镀锡，然后根据焊盘插孔之间的距离合理地进行成形操作，方法如下。

第一步：元器件预处理。

左手握住元器件引脚一端，右手用镊子将元器件另一端拉直，如图 3-12 所示。两端拉直后如图 3-13 所示。

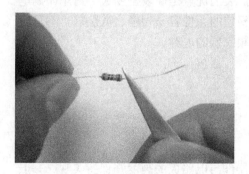

图 3-12　用镊子拉直引脚

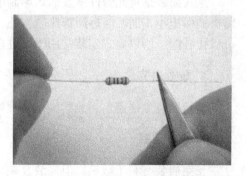

图 3-13　拉直后的元器件

第二步：目测插孔距离

目测元件两引脚焊盘插孔之间的距离。

第三步：弯脚成形

电阻弯脚成形过程分别如图 3-14 所示。

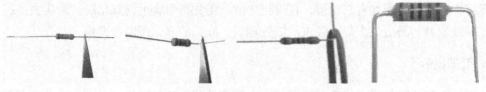

图 3-14　电阻弯脚成形过程

六、元件插装形式

元器件的插装有卧式插装、立式插装、贴板插装和悬空插装，如图 3-15 所示。

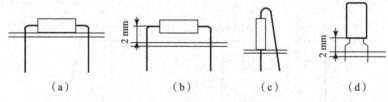

图 3-15　元器件的插装形式
(a) 卧式贴板；(b) 卧式悬空；(c) 立式贴板；(d) 立式悬空

1. 卧式插装

卧式插装是将元器件紧贴印制电路板的板面水平放置。卧式插装的优点是元件排列整齐；元器件的重心低，比较牢固稳定，受振动时不易脱落；元件的两端点距离较大，更换时比较方便；由于元器件是水平放置，故节约了垂直空间，而且有利于排版穿线，便于焊接与维修，也便于机械化装配。缺点是所占面积较大。

2. 立式插装

立式插装是将元器件垂直插入印制电路板。立式插装的优点是插装密度大，占用印制电路板的面积小，插装与拆卸都比较方便。缺点是立式安装的元件容易相碰、散热差、不适合机械化装配。所以立式安装常用于元件多、功耗小、频率低的电路。

3. 贴板插装

贴板插装方便简单、元器件稳定性好。

4. 悬空插装

悬空插装有利于散热，但插装复杂，需要控制元器件与电路板的高度并保持美观，一般元器件的悬空高度为 2~4 mm，具体还要根据工艺要求而定。

★ 提示：

（1）若无特殊要求，元器件通常都采用卧式贴板插装（对于功率小于 1 W 的电阻可采用贴板插装，功率较大的电阻可悬空 2 mm 左右插装）。电容、三极管都采用立式插装，元器件底部距板面一般为 3~5 mm。

（2）元器件的插装应遵循先小后大、先低后高、先轻后重、先里后外的基本原则。

（3）元器件插装时标记方向要一致，以便于观察。特别是对于色环电阻，色环标志顺序方向应一致。

（4）要注意有极性元器件的引脚区别，比如电解电容、发光二极管、三极管。

（5）对于同类的元器件，插装后高度应保持一致。

（6）每个焊盘只允许插入一根引脚。

七、电路装配

（1）安装的顺序依然是由底到高，先装电阻，再装三极管、发光二极管、电位器。

（2）电阻紧贴电路板安装，且在安装时要区分阻值大小，同方向的电阻（指横向和纵向）色环的方向应该一致。

（3）发光二极管引脚高度留 3~5 mm 安装，注意区分正负极性；电位器采用贴板安装。

（4）对三极管要区分清楚管脚极性，按照封装引脚成三角形状插入，这样插入后元件比较稳定，不易折断。引脚高度留 3~5 mm，如图 3-16 所示。

图 3-16 三极管

元件插装好之后，就可以将其焊接在电路板上，再根据电路图中元件的电气连接关系，将元件连接上。有关焊接的内容在前面已介绍过，下面针对万能板的装配再补充几点。

①烙铁头不能对电路板施加太大的压力，防止焊盘受压翘起。

②电烙铁不能在一个焊点停留时间太久，否则会使焊盘剥离以及基板产生焦斑。

③焊接过程中应注意不要烫伤周围的元器件及导线。

④万能板布线应正确、平直，转角处成直角，焊接可靠，无漏焊、短路等现象。

⑤焊点的重焊：当焊点一次焊接不成功或上锡量不够时，要重新焊接。重新焊接时，必须等上次的焊锡一同熔化并融为一体时，才能把电烙铁移开。

⑥焊接后的处理：焊接完成后用斜口钳剪去引脚，留头在焊面以上 0.5~1 mm，且不能损伤焊接面。

【课堂练习】

1. 为了便于安装和焊接，使元器件排列整齐、美观，提高装配质量和效率，元器件_____是不可缺少的工艺流程。

2. 元器件的引线表面如有氧化层，在焊接前需先将引脚上的_____层、杂质去掉。

3. 元器件引脚成形是指在焊接前把元器件引脚弯曲成一定的_____。

4. 对于电阻、二极管等元件，通常可采用____成形和____成形两种。

5. 引脚的成形要根据元件引脚焊盘插孔之间的_____以及插装的要求来进行。

6. "图 ⌐⌐ 电阻成形的方法"是_____的（填"对"或"错"）；"图 ⊓ 电阻成形的方法"是_____的（填"对"或"错"）。

7. 元器件的插装有_____插装、_____插装、_____插装和_____插装。

8. 元器件的插装应遵循_____、_____、_____、_____的基本原则。

9. 本电路中装配应该先装电阻等，最后装_____、_____等。

10. 元件插装好之后，先将各元件_____，再根据电路图中元件的_____连接关系，将元件连接上。

【评　价】

任务四　三极管工作状态测试电路的调试

【学习目标】

◆ 学习电路调试方法。
◆ 学习记录数据、分析电路的方法。
◆ 学习简单故障的维修技能。

【电路调试】

一、调试工具

螺丝刀的实物如图3-17所示，又名起子，主要有一字和十字两种。使用时只要将螺丝刀的端头对准螺丝的顶部凹坑，固定，然后开始旋转手柄。

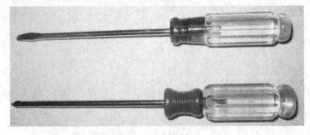

图3-17　螺丝刀

二、三极管工作状态测试电路功能的调试

直流稳压电源输出的5 V电压供给点亮发光二极管电路，用一字起子旋转电位器，观察现象，正常情况下，发光二极管亮度渐渐增亮至不再变化。

三、故障简单排除

若功能不能实现,检查电源、元件极性、元件连接关系是否有问题,修改之后再进行调试。

电路出现故障时,首先应该根据原理图和装配图检查元件电气连接是否正确。检查方法可以对照装配图,做到自己装配的图与图 3-10 一样。如有不同,仔细找找元件的电气连接是否正确。连接没有问题时,可以用万用表电阻挡或二极管挡测量元件是否损坏,比如怀疑 VT 的 b、e 内部坏,可以在线(三极管不拆下)测量,然后找一块好的电路,在同样的部位测量,对比数据,如果数据相差较大,再排除与 b、e 相连的外围元件是否连接错误,最后拆下 VT 测量做最终判断。这样处理后可以解决出现的故障。

四、数据测量与分析

电路各关键点如图 3-18 所示,下面对电路各关键点进行数据测量与分析。

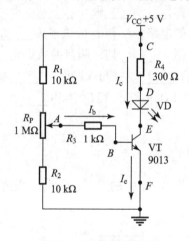

图 3-18 数据测量

【做中学】

1. 测量图 3-18 中各关键点电压,将数据记录在表 3-4 中。

表 3-4 记录测量数据

调节 R_P 时发光管亮度情况	电压测量值/V							计算值/mA	
	A	B	C	D	E	U_{AB}	U_{CD}	I_b	I_c
不亮									
微亮									
渐渐变亮									
亮度不变									

2. 分析测量数据，从中得出什么结论？
_____
_____

【评　价】

训练与巩固

一、填空题

1. 半导体三极管的核心是由两个背对背靠得很近的_____结组成的半导体芯片。
2. 三极管的3个引脚分别称为_____极、_____极、_____极。
3. 工作在三极管的放大区的电路，I_b与I_c的关系为_____。
4. 数字表测量三极管应该用_____挡，测量的数据是_____值。
5. 图3-6中发光二极管的_____极与VT的_____极相连，装配时要用导线连接。
6. 图3-6中的R_1是10 kΩ电阻，写出色环_____，写出300 Ω电阻的色环_____。
7. 图 ⌒ 是_____的封装。
8. 当电位器调到最低时（图3-6中的R_P往下调），发光二极管_____，三极管处在_____状态。
9. 装配时元件引脚需_____、_____。
10. 2SA1015三极管是_____型三极管，2SC1815三极管是_____型三极管。

二、单项选择题

1. 满足$I_c = \beta \cdot I_b$时，说明电路是在（　　）。
① 饱和状态　　　　② 放大状态　　　　③ 截止状态　　　　④ 都不是

2. 用二极管挡测量三极管时，万用表显示的数字均为0，则（　　）。
① 挡位拨错了　　② 三极管是PNP型　　③ 三极管是NPN型　　④ 三极管坏了

3. 测量PNP三极管时，可以把三极管看成下列图形（　　）。

① ②③④ (图形)

4. 看图3-6，当R_4开路，则VT的c极电压会（　　）。
① 变小　　　　　② 变大　　　　　③ 不变　　　　　④ 时大时小

5. 三极管放大状态时有 $I_c = \beta \cdot I_b$ 的关系，β 是指（　　）。
①电压放大系数　　②功率放大系数　　③电阻放大系数　　④电流放大系数

6. 三极管的电流分配如下所示，则（　　）。

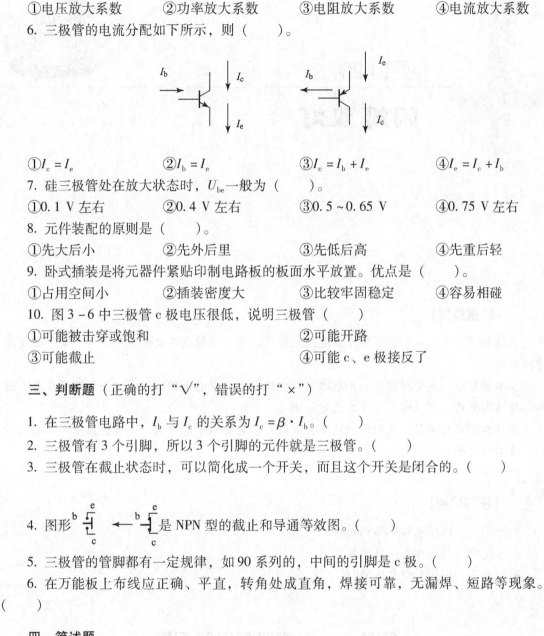

①$I_c = I_e$　　②$I_b = I_e$　　③$I_c = I_b + I_e$　　④$I_e = I_c + I_b$

7. 硅三极管处在放大状态时，U_{be} 一般为（　　）。
①0.1 V 左右　　②0.4 V 左右　　③0.5～0.65 V　　④0.75 V 左右

8. 元件装配的原则是（　　）。
①先大后小　　②先外后里　　③先低后高　　④先重后轻

9. 卧式插装是将元器件紧贴印制电路板的板面水平放置。优点是（　　）。
①占用空间小　　②插装密度大　　③比较牢固稳定　　④容易相碰

10. 图 3-6 中三极管 c 极电压很低，说明三极管（　　）
①可能被击穿或饱和　　　　　　　　②可能开路
③可能截止　　　　　　　　　　　　④可能 c、e 极接反了

三、判断题（正确的打"√"，错误的打"×"）

1. 在三极管电路中，I_b 与 I_c 的关系为 $I_c = \beta \cdot I_b$。（　　）

2. 三极管有 3 个引脚，所以 3 个引脚的元件就是三极管。（　　）

3. 三极管在截止状态时，可以简化成一个开关，而且这个开关是闭合的。（　　）

4. 图形 是 NPN 型的截止和导通等效图。（　　）

5. 三极管的管脚都有一定规律，如 90 系列的，中间的引脚是 c 极。（　　）

6. 在万能板上布线应正确、平直，转角处成直角，焊接可靠、无漏焊、短路等现象。（　　）

四、简述题

1. 写出装配步骤。

2. 画出图 3-6 电路原理图（要求元件符号准确，代号清楚，标出标称值，比例合适）。

3. 绘出图 3-10 装配图（要求用铅笔打好坐标，按图 3-10 的尺寸描绘）。

4. 写一份学习心得体会（至少 50 字）。

项目四

闪烁双灯

【情景描述】

在前面项目中,我们已经可以点亮发光管了,也可以控制亮度的变化,那么如何使发光管闪烁呢?

在本项目中,我们将制作一个电路可以实现两个发光管交替闪烁。这个电路实际是自激多谐振荡器电路,可以作为信号发生器使用。

通过本项目的学习,我们的识图能力以及电路装配水平能更上一个台阶,下面让我们继续在奇妙的电子世界里自由翱翔……

【任务分解】

➢ 任务一　闪烁双灯电路识图
➢ 任务二　闪烁双灯电路的装配
➢ 任务三　闪烁双灯电路的调试

任务一　闪烁双灯电路识图

【学习目标】

◆ 掌握闪烁双灯电路识图方法。
◆ 了解电容充放电过程。

闪烁双灯原理图结构如图 4-1 所示。

【电路结构特点】

由图 4-1 可知，电路由对称的电阻、发光管、三极管及电容组成。$V_{CC} \to R_1 \to VD1 \to VT1$ 的 ce 极 $\to$ GND 构成 VD1 的点亮、熄灭回路；同样，$V_{CC} \to R_4 \to VD2 \to VT2$ 的 ce 极 $\to$ GND 构成 VD2 的点亮、熄灭回路。R_1、R_4 是发光二极管限流电阻，R_2、R_3 为 VT1、VT2 基极偏置电阻。VT1 的 c 极电压变化通过 C_1 传递到 VT2 的 b 极；同样，VT2 的 c 极电压变化通过 C_2 传递到 VT1 的 b 极，构成从输出到输入的反馈。

★ 提示：

基本放大电路中，有源器件（晶体管等）具有信号单向传递性，被放大信号从输入端输入放大电路以后输出，存在输入信号对输出信号的单向控制；如果在电路中存在某些通路，将输出信号的一部分反馈送到放大器的输入端，与外部输入信号叠加，产生基本放大电路的净输入信号，实现输出信号对输入的控制，即构成了反馈。

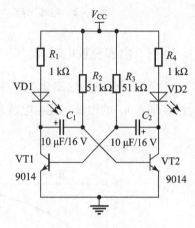

图 4-1 闪烁双灯原理图

反馈可分为负反馈和正反馈。前者使输出起到与输入相反的作用，使系统输出与系统目标的误差减小，系统趋于稳定；后者使输出起到与输入相似的作用，使系统偏差不断增大，使系统振荡。

【电容充放电原理】

电容是一种以电场形式储存能量的无源器件。电容能够储存能量，也能够把储存的能量释放至电路。

一、电容充电

若电容与直流电源相接，如图 4-2 所示，电路中有电流 i_C 流通。电容两块极板上会分别获得数量相等的相反电荷，此时电容正在充电，其两端的电位差 u_C 逐渐增大。一旦电容两端电压 u_C 增大至与电源电压 U 相等时，$u_C = U$，电容充电完毕，电路中再没有电流流动，这时电容的充电过程完成。

由于电容充电过程完成后，就没有电流流过电容器，所以在直流电路中，电容可等效为开路。

二、电容放电

去掉电源，将电容与电阻形成闭环电路时，电容 C 通过电阻 R 进行放电，电容两块极板上之间的电压将会逐渐下降为零，即放电结束时 $u_C = 0$，如图 4-3 所示。

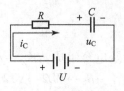
图4-2 电容充电

图4-3 电容放电

三、电容充放电时间

电容器充电特性曲线如图4-4所示,在充电的开始阶段,充电电流较大,u_C上升较快,随着u_C的增长,充电电流逐渐减小,且u_C的上升速度变缓,逐渐与电源电压U趋近。

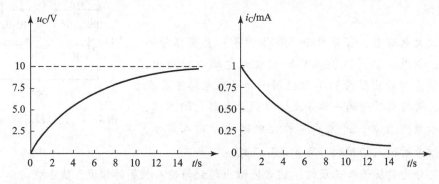

图4-4 电容器充电特性曲线

同样,电容器放电特性曲性如图4-5所示,在放电的开始阶段,电压u_C及电流i_C的变化也是较快的,而后期变得缓慢,电压与电流均趋近0。

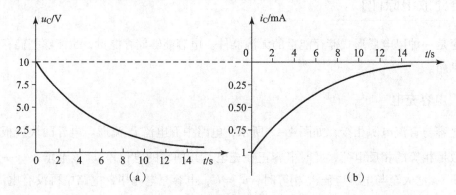

图4-5 电容器放电特性曲线

在电容器刚刚开始充电或刚刚开始放电的瞬间,电容器的端电压u_C及储存的电荷量都将保持着充、放电开始之前的状态。例如,充电前电容器的电压$u_C=0$ V,则开始充电的瞬间u_C仍保持为0 V;而放电前如果电容器的$u_C=U$,则放电开始瞬间u_C仍保持为U,即电容器的端电压u_C在充、放电开始的瞬间是不能突变的,电容器的这一特点非常重要,必须牢记。

电容器的充放电是需要时间的,在电容充放电过程里,电阻R的大小会影响电容C的充电和放电速度,即充放电的时间。阻值 R 和容量 C 的乘积被称为时间常数 τ,即 $\tau = R \cdot C$,其中 R 的单位为欧(Ω),C 的单位为法(F),τ 的单位为秒(s)。容量或阻值愈小,时间常数也愈小,电容的充电和放电速度就愈快,反之亦然。

【电路工作原理】

电路实现的功能是 VD1 和 VD2 交替闪烁,闪烁就是发光管一亮一灭。从电路结构可知,VD1 亮灭回路是 $V_{CC} \to R_1 \to VD1 \to VT1$ 的 ce 极 $\to$ GND,因此,VD1 亮灭由 VT1 状态来决定,VT1 导通,VD1 亮,VT1 截止,VD1 灭;同理,VT2 导通,VD2 亮,VT2 截止,VD2 灭。VT1 和 VT2 的状态又由其基极电压来决定,电压的变化由 C_1 和 C_2 充放电及反馈实现。具体过程如下:

接通电源,由于三极管 VT1、VT2 的基极分别通过电阻 R_3、R_2 与电源相连接,故两个管子都有导通的趋势,但由于 VT1、VT2 的参数不会绝对对称,总会有一只管子导电性强些。假设 VT1 的 I_{c1} 大些,VT1 的集电极电压 U_{c1} 就会下降得多些,因 C_1 两端的电压不能突变,U_{c1} 下降使 VT2 的基极电压 U_{b2} 下降,I_{b2} 减小,I_{c2} 减小,VT2 的集电极电压 U_{c2} 升高,因 C_2 两端的电压不能突变,U_{c2} 变化的电压通过 C_2 耦合,又使 I_{b1} 增大,从而促使 I_{c1} 进一步增大,形成强烈的正反馈:

$$I_{c1} \uparrow \to U_{c1} \downarrow \to U_{b2} \downarrow \to I_{b2} \downarrow \to U_{c2} \uparrow \to I_{b1} \uparrow$$

此过程一直循环,直至 VT1 导通,VT2 截止。这时 VD1 亮,VD2 熄灭。

VT1 导通后,一方面,电源经 $R_4 \to C_2 \to VT1$ 的发射结使 C_2 充电到 $(V_{CC} - U_{be1})$(U_{be1} 指 VT1 基极与发射极之间的电压);另一方面电容器 C_1 上的电压要通过 VT1 的 ce 极、电源和 R_2 进行放电,时间常数为 $R_2 \times C_1$。正是由于电容器 C_1 的放电,为电路状态的翻转创造了条件。此时,仍然是 VD1 亮,VD2 熄灭。

由于 VT1 导通时,C_1 左端电压对地为 0,由于 C_1 上电压左正右负,因而 C_1 右端的电压 U_{b2} 即 VT2 的基极电压起始值是负值。当 C_1 的原先电荷放完以后,还按原来的放电方向充电,当 U_{b2} 上升至 0.5 V 时,VT2 便开始导通,U_{c2} 就要开始下降,因 C_2 两端的电压不能突变,使 U_{b1} 电压下降,U_{c1} 上升,因 C_1 两端的电压不能突变,U_{c1} 变化的电压通过 C_1 耦合至 VT2 的 b 极,I_{b2} 升高,从而引发新一轮的正反馈过程:

$$I_{c2} \uparrow \to U_{c2} \downarrow \to U_{b1} \downarrow \to I_{b1} \downarrow \to U_{c1} \uparrow \to I_{b2} \uparrow$$

结果将使 VT1 迅速截止,VT2 迅速导通。这时 VD1 熄灭,VD2 亮。

VT2 导通时,一方面,电源经 $R_1 \to C_1 \to VT2$ 的发射结使 C_1 充电到 $(V_{CC} - U_{be2})$;另一方面电容器 C_2 上的电压要通过 VT2 的 ce 极、电源和 R_3 进行放电,时间常数为 $R_3 \times C_2$。此时,VD1 熄灭,VD2 亮。

随着 C_2 充电,VT1 的基极 U_{b1} 上升到 0.5 V 左右,VT1 导通,再次重复第一阶段以后的工作过程。

以上电路中，VT1、VT2 交替导通、截止，没有稳定状态，如此周而复始地工作，形成振荡，输出矩形波，其振荡周期为：

$$T = 0.7\ (R_2 \times C_1 + R_3 \times C_2)$$

若电路完全对称，即 $R_2 = R_3 = R$，$C_1 = C_2 = C$ 则：

$$T = 1.4RC$$

【装配图识读与绘制】

装配图对电路装配与调试工作起到指导作用，是完成电路装配必不可少的一部分。装配图实际上就是将原理图中的元件及元件的连接关系用实物在电路板中体现出来，这就涉及元件的布局和布线。要设计出一块整齐、美观、高效的电路板，需要经过不断的训练以及积累经验才能做到。

一、熟悉所用元件封装形式

在对元件进行布局之前，要弄清楚电路中所用元器件的外观尺寸、引脚排列，规划出电路板尺寸。在本电路中，所用元件都是之前使用过的，所以封装都是相同的。

二、元器件布局、布线

1. 元件布局

按万能板实样以 1∶1 的比例在图纸上（或用坐标图纸）确定各元器件的安装位置。

★ 提示：

（1）装配草图以元件面为视图方向。
（2）元器件水平或垂直放置，不可斜放。
（3）布局时应考虑元器件外形尺寸，避免安装时相互影响，疏密均匀。
（4）注意电路走向应基本和电路原理图一致，一般由输入端开始向输出端逐步确定元件位置，相关电路部分的元器件应就近安放，按一字排列，避免输入输出之间的影响。
（5）每个安装孔只能插一个元器件引脚。

2. 布线

按电路原理图的连接关系布线，参考装配图纸如图 4-6 所示。

★ 提示：

布线应做到横平竖直，导线不能交叉，需交叉的导线可在元件面做跨线。

三、检查

（1）检查图纸上的元器件数量。

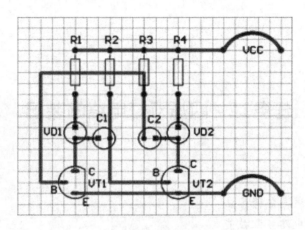

图 4-6 装配图

(2) 检查电解电容、发光二极管极性及连接关系是否符合电路原理图。

(3) 检查三极管的管脚及连接关系是否和电路原理图完全一致。

【做中学】

1. R_1、R_4 在电路中起着_____作用。

2. 一般来讲,电容量越大则充放电时间越长。(对的打"√",错的打"×")

3. 电容上的电压是不会突变的,即不管是充电还是放电,一瞬间电容上的电压为 0。(对的打"√",错的打"×")

4. 当 VT1 导通时,VT2 一定截止。(对的打"√",错的打"×")

5. 电路的振荡频率为 $T = 1.4RC$。(对的打"√",错的打"×")

6. 在下图中仿画出闪烁双灯装配图。仿画中,应注意元件封装、极性以及元件之间的连接关系。

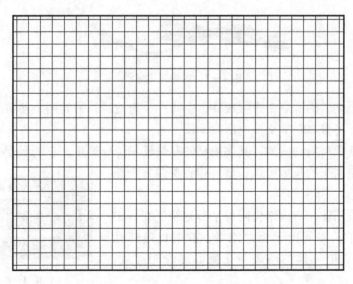

【评　价】

任务二　闪烁双灯电路的装配

【学习目标】

◆ 了解电烙铁拆装与维修方法。
◆ 掌握闪烁双灯电路装配技能。

【电烙铁拆装与维修】

一、内热式电烙铁内部结构

内热式电烙铁由烙铁头、烙铁芯、连接杆、手柄和电源线等几部分组成，如图4-7所示。

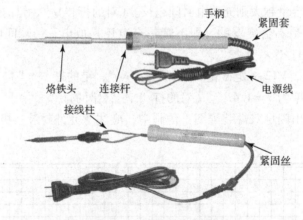

图4-7　内热式电烙铁

一般内热式电烙铁内部有3个接线柱，中间一个为地线，另外两个接烙铁芯的引线，接线柱外接电源线，可接220 V交流电压。

烙铁头是由紫铜材料制成的，其作用是储存热量和传导热量，它的温度必须比被焊接器材温度高得多。烙铁头的长短可以调整（烙铁头越短，烙铁头的温度越高）。

烙铁芯是由发热体——镍铬电阻丝平行地绕制在一根空心瓷管上构成的，中间由云母片绝缘，并引出电热丝（用细瓷管绝缘），电热丝的两头与交流电源线相连接，如图4-8所示。

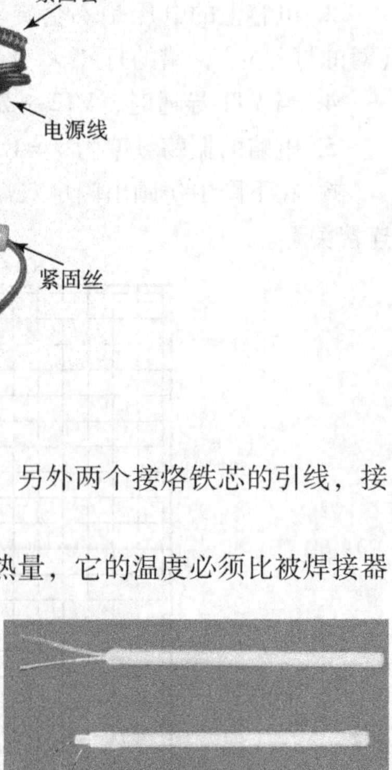

图4-8　烙铁芯

烙铁芯安装在烙铁头的里面（发热快，热效率高达85%~90%以上），故称为内热式电烙铁。其常用规格有20 W、35 W等，常用的内热式电烙铁的工作温度如表4-1所示。

表4-1 电烙铁头的工作温度

烙铁功率/W	20	25	45	75	100
端头温度/℃	350	400	420	440	455

二、电烙铁功率的选用

一般来说，电烙铁的功率越大，烙铁头的温度就越高。焊接集成电路、CMOS电路一般选用20 W内热式电烙铁。使用的烙铁功率过大，容易烫坏元器件（一般二极管、三极管的结点温度超过200 ℃就会烧坏）或使印制导线从基板上脱落；使用的烙铁功率太小，焊锡不能充分熔化，焊剂不能挥发出来，焊点不光滑、不牢固，易产生虚焊。焊接时间过长，也会烧坏器件，一般每个焊点在1.5~4 s内完成。

★ 提示：

不同的季节选用不同规格（功率）的电烙铁，一般经验为：夏季选用20 W，春、秋季选用35 W，冬季选用50 W。

三、检测电烙铁好坏

用万用表可检查烙铁芯的镍铬丝是否断开。只要测量其冷态电阻值即可判断出，一般20 W电烙铁的电阻为2.4 kΩ左右，35 W电烙铁的电阻为1.6 kΩ左右。烙铁芯可以更换，更换时应注意不要将引线接错。

★ 提示：

冷态电阻，就是指某器件在没有电流时，即常温下的电阻，一般是指25 ℃时的电阻。

四、外热式电烙铁结构

外热式电烙铁一般由烙铁头、烙铁芯、外壳、手柄、插头等部分组成，如图4-9所示。烙铁头被安装在烙铁芯里面，故称为外热式电烙铁，烙铁头及烙铁芯和内热式电烙铁基本类

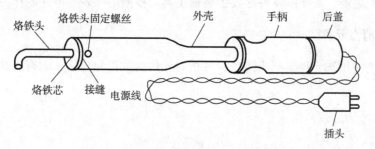

图4-9 外热式电烙铁

同,常用的有 25 W、45 W、75 W、100 W 等。25 W 阻值约为 2 kΩ、45 W 阻值约为 1 kΩ、75 W 阻值约为 0.6 kΩ,100 W 的阻值约为 0.5 kΩ。

【做中学】

1. 用万用表在插头两端测烙铁芯的冷态电阻值,记下其阻值大小。

电烙铁功率:_____。

冷态阻值:_____。

(1) 若阻值为∞,可能是电源线或电烙铁芯_____;

(2) 若阻值为 0,可能是上述部分_____,需进一步查明原因,给予排除。

(3) 若测量阻值同冷态电阻值相等,表明电烙铁基本_____。

2. 漏电电阻的测量

将万用表拨到 2 MΩ 以上挡位,测量电烙铁的绝缘电阻。其方法是万用表一表笔接电烙铁电源插头上的任意一金属片,另一表笔接电烙铁的金属外壳。绝缘电阻 > 2 MΩ,表明电烙铁不漏电。

实测漏电阻:_____。

3. 一般来说,电烙铁的功率越大,烙铁头的温度就_____。焊接集成电路、CMOS 电路一般选用_____W 内热式电烙铁。

4. 电烙铁由_____、_____、连接杆、手柄和电源线等几部分组成。

5. 烙铁头是由紫铜材料制成的,其作用是_____热量和_____热量,它的温度必须比被焊接器材温度_____。

【评　价】

【电路装配】

一、准备工作

在电路装配之前,需要准备好必要的装配工具、检测的仪表、电路制作的材料。

二、挑选清点元件

根据电路所需挑选元件,列出清单,并核对元件的数量和规格,如有短缺、差错应及时补缺和更换。

【做中学】

1. 请写出需要准备的工具、仪器仪表、耗材有哪些?

(1) 需要哪些工具？_____

(2) 需要哪些仪器仪表？_____

(3) 需要哪些耗材？_____

2. 请根据电路需要，列出元件清单，并记录于表 4-2 中。

表 4-2 元件清单

代号	名称	规格	数量	代号	名称	规格	数量

【评　价】

三、检测元件

用数字万用表对元件进行检测并判断其好坏，测量电阻的阻值是否符合规格，判断发光管的正负极性，对不符合质量要求的元件剔除并更换。

【做中学】

对元件逐一进行检测，将检测情况记录在表 4-3 中。

表 4-3 记录检测情况

元件名称	规格	测量挡位	实测数据或状态	判断质量好坏

【评　价】

四、装配

按 PCB 图及元件插装工艺要求完成电路装配。

【做中学】

（1）结合自己制作的成品，找出插装元件、焊接、布线有哪些不足，将详细情况记录在下面：

_____
_____
_____
_____
_____
_____

（2）总结电路装配流程：

_____
_____
_____
_____
_____
_____

【评　价】

任务三　闪烁双灯电路的调试

【学习目标】

◆ 掌握通电前的调试方法。
◆ 掌握通电后的调试方法。

【通电前的调试】

一、目测检查

对已完成装配、焊接的工件仔细检查质量,重点是装配的准确性,包括元件位置、三极管的安装方向、发光二极管和电解电容引脚正负极性是否都插对;接线是否有差错;焊点是否有虚焊、漏焊、搭焊及空隙、毛刺等;元件成形及安装方式是否符合工艺要求。

【做中学】

将所检查的详细情况记录在下面:
_____
_____
_____
_____
_____
_____

【评 价】

二、万用表检测

通电前用万用表对电源及元件连接关系进行检测,方法是用数字万用表蜂鸣挡或电阻挡,测量电源正极和负极是否短路。如果蜂鸣响或阻值为 0 Ω,说明有短路,需要排出故障;测量电气相连的元件之间的连接关系,如元件之间有连接关系,蜂鸣会响或阻值会为 0 Ω,如没有,检查元件是否相连。

【通电后的调试与维修】

一、调试要求和方法

(1)输出电源电压为 5 V,与电路连接正确,观察 VD1、VD2 的亮灭情况。正常情况下 VD1 和 VD2 应是按一定时间交替闪烁。

(2)用万用表直流电压挡监测 VT1、VT2 集电极电位的变化情况。

【做中学】

1. 若电路功能正常,监测 VT1 和 VT2 的 c 极电压的变化情况,记录在下面(注意集电极电压变化较快,记录最大值和最小值)。

测量电压,数字万用表置于_____挡,VT1 的 c 极的电压最大值_____、最小值_____。当电压最大时,发光二极管应该_____,最小时,发光二极管应该_____。

2. 若电路功能正常,试着在 R_2 上并联 51 kΩ 电阻,观察电路产生的变化;或 R_2 电阻不变,在 C_1 电容上并联一个 47 μF 的电容,观察电路变化;将变化情况记录下来,并思考分析得出什么结论?

在 R_2 并联电阻时,电路中出现的现象为:_____。

在 C_1 并联电容时,电路中出现的现象为:_____。

【评　价】

二、故障案例分析

1. 故障现象:VD1、VD2 均不发光

1) 故障原因分析

从电路原理分析,VD1、VD2 不亮,说明发光二极管没有电流流过,造成无电流的原因有以下几个:

(1) 无电源;

(2) 发光二极管接错或损坏、限流电阻 R_1 和 R_4 均未连接正确;

(3) 偏置电阻 R_2、R_3 没有与相关三极管的 b 极相连。

2) 检修过程

针对造成故障的 3 个原因,分别运用不同的维修方法来检查。

对于 (1) 情况:

用万用表检测电源供电是否有电压即可判断。测量方法是用万用表黑表笔接地线,红表笔接电源接入端。

对于 (2) 情况:

①不加电源,目测发光二极管是否装反。

②用万用表的二极管"—▷│—"挡,按照发光二极管的检查方法对其直接测量,观察发光二极管是否发光。如不正常,换掉。

③目测检查限流电阻 R_1、R_4 是否正确接入。如不对,按正确接法连接。

对于 (3) 情况:

用电压法测量两个三极管的 b 极电压,正常时应该有电压,如没有,检查对三极管提供 b 极电压的偏置电阻 R_2 或 R_3 是否连接正常。如三极管的 b 极有 0.7 V 电压,则要检查三极管连接线路是否正常,三极管是否有问题,可以将其拆下按照三极管的测量方法进行检查。

找出故障原因后,将错误改正或将损坏元件换掉,再次通电检查电路是否正常。

2. 故障现象：VD1、VD2 均发光

1）故障原因分析

两个发光二极管都亮，说明发光二极管是好的，可能的原因是：

（1）两个发光管的负极均接到了地线，没有接到 VT1、VT2 的 c 极。

（2）两个三极管均导通或击穿。

2）检修过程

对于（1）情况，可以通过目测法检查连线是否正确。若有错，改正过来即可。

对于（2）情况，用万用表电压挡测量三极管的 b 极是否有 0.7 V 的电压。如无，测量其 c 极电压是否为"0"，如果为"0"，则检查三极管的 ce 极是否击穿，可以用万用表的电阻挡测量三极管的 c、e 间电阻值是否很小。如小，则三极管的 c、e 极可能击穿或外部有短路，注意找出短路点即可。如果三极管的 b 极有 0.7 V 的电压，则是振荡形成电路有问题，要检查形成振荡的两个电容是否连线正确。

通过以上检查，应该能够排除故障。

找出故障原因后，将错误改正或将损坏元件换掉，再次通电检查电路是否工作正常。

【做中学】

1. 记录电路出现了什么故障？并尝试分析原因。

故障现象：_____

最终在哪里找出问题解决了故障：_____

分析这个问题为什么会导致这样的故障现象？

_____

【评 价】

训练与巩固

一、填空题

1. 振荡电路中_____和_____影响充放电时间。

2. 当 VT1 的集电极电压 U_{c1} 下降时，因 C_1 两端的电压不能____，U_{c1} 下降使 VT2 的基极电压 U_{b2} 下降，____减小，I_{c2} 减小，VT2 的集电极电压 U_{c2} ____，因 C_2 两端的电压不能____，U_{c2} 变化的电压通过 C_2 耦合，又使 I_{b1} 增大，从而促使 I_{c1} 进一步增大，形成强烈的____，使 VT1 _____状态。

3. 本项目中多谐振荡器电路的振荡频率与电阻_____、_____和电解电容_____、_____有关。

4. 电路连接关系中，VT2 的_____极与电容 C_1 的负极、电阻 R_2 一端连接。

5. 使用的烙铁功率过大，容易_____元器件或使印制导线从基板上_____；使用的烙铁功率太小，焊锡不能充分_____，焊剂不能挥发出来，焊点不光滑、不牢固，易产生_____。

6. 一般来说，在装配过程中，总是按照_____、_____、_____、_____的工序进行。

二、单项选择题

1. 闪烁双灯电路的反馈是（　　）。
①有时正反馈，有时负反馈　　　　②无反馈
③正反馈　　　　　　　　　　　　④负反馈

2. 元件布局时应考虑元器件（　　），避免安装时相互影响，要疏密均匀。
①元件的质量　　②元件的封装　　③元件的符号　　④元件的价格

3. 闪烁双灯中 R_4 变为 $10\ \text{k}\Omega$，发光二极管会变（　　）。
①亮　　　　　②暗　　　　　③不变　　　　　④损坏

4. 本电路装配的顺序为（　　）。
①电阻、三极管、电解电容　　　　②三极管、电阻、电解电容
③三极管、电解电容、电阻　　　　④电解电容、三极管、电阻

5. 出现只有 VD1 亮的故障，测量 VT2 的 be 极电压为 2 V（电源电压为 5 V），故障应该是（　　）。
①VT1 坏了　　②VD2 坏了　　③VT2 坏了　　④电源电压太高了

三、判断题（正确的打"√"，错误的打"×"）

1. 如电阻 R_2 开路了，振荡电路会出现故障。（　　）

2. R_2、R_3 越大，则充放电时间越长，双灯闪烁越快。（　　）

3. 图形 的安装方式都是允许的。（　　）

4. 调试电路时，两个发光管正常闪烁，这时测量 VT1 的 c 极，电压应该为 0 V。（　　）

5. 测量 VT2 的 b 极电压，用电阻挡。（　　）

四、简述题

1. 画出图 4-1 电路原理图（要求元件符号准确，代号清楚，标出标称值，比例合适）。
2. 总结自己的焊接技术。
3. 写一份学习心得体会（至少 80 字）。

项目五

电子音乐盒

【情景描述】

收到朋友寄来的音乐盒，我轻轻打开，一首悠扬的乐曲传入耳中，给人一种享受，舒缓压力，同时也感受到了朋友的友情。多么温馨的画面啊！多神奇的音乐盒啊！让我们也动手做一个吧，寄给我们远方的家人和朋友。

本次制作要学习运算放大器知识、敏感元件、音乐集成块的知识，特别是运算放大器是电子技术中的重点，必须要掌握相关知识。

【任务分解】

➢ 任务一　电子音乐盒电路识图
➢ 任务二　电子音乐盒的工作原理
➢ 任务三　电子音乐盒的制作与调试

任务一　电子音乐盒电路识图

【学习目标】

◆ 了解音乐盒电路原理图。
◆ 认识音乐盒的新元件。
◆ 熟悉运算放大器的组成和构造。

音乐盒的电路原理图如图 5-1 所示，电路中增加了多个新元件，下面先学习新元器件的相关知识。

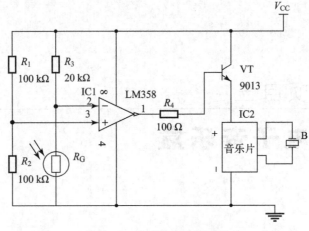

图 5-1　音乐盒电路原理图

【认识新元件】

一、光敏电阻器

1. 光敏电阻实物及符号，如图 5-2 所示。

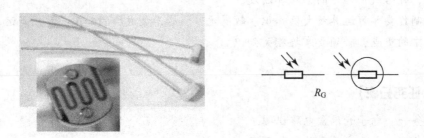

图 5-2　光敏电阻实物与电路符号

2. 光敏电阻的特点

光敏电阻是利用半导体的光敏导电特性制成的无结半导体器件。光照强度越强，其电阻越小，光敏电阻的规格指标主要有亮阻（有光照时的电阻）和暗阻（无光照时的电阻）。光敏电阻器的阻值能够随着光照的强弱而改变，没有光线照射时其阻值可以达到 1.5 MΩ 以上，有光线照射时其阻值减小到 1 kΩ 左右。

3. 光敏电阻的测量

对于无具体规格的光敏电阻，可用万用表直接检测亮阻和暗阻。

（1）用一黑纸片将光敏电阻的透光窗口遮住，此时阻值接近无穷大。此值越大说明光敏电阻性能越好。若此值很小或接近为零，说明光敏电阻已被烧穿损坏。

（2）将一光源对准光敏电阻的透光窗口，此时万用表指示的阻值应明显减小。此值越小说明光敏电阻性能越好。若此值很大甚至无穷大，表明光敏电阻内部开路损坏。

（3）将光敏电阻透光窗口对准入射光线，用小黑纸片在光敏电阻的遮光窗上部晃动，使其间断受光，此时万用表测的阻值应随黑纸片的晃动而变化。如果万用表测的阻值始终停在某一位置不随纸片晃动而变动，说明光敏电阻的光敏材料已经损坏。

【做中学】

1. 光敏电阻是利用_____的光敏导电特性制成的器件。光照强度越强，其电阻值_____。
2. 光敏电阻的检测方法是用万用表的_____挡位，用黑纸片将光敏电阻的透光窗口遮住，此时阻值_____，此值越____说明光敏电阻性能越好。
3. 光敏电阻的特点是光照越强，阻值越_____，也即是说，白天光敏电阻阻值_____，晚上光敏电阻阻值_____。
4. 测一测，你手中的光敏电阻是这样的么？_____。

【评　价】

二、音乐集成块

音乐集成块是将歌曲储存在半导体存储器内，通过软封装的形式固化成形的集成块。这个集成块不仅仅是一个存储器，它包括存储器、播放器、功放电路。如图5-3所示。

图5-3　音乐片

三、压电陶瓷片简介

1. 压电陶瓷片

压电陶瓷是一种具有机械能与电能互相转换功能的陶瓷材料，可以制作成蜂鸣器，其图形符号如图5-4（a）所示，外形如图5-4（b）所示，文字符号标注为"B"或"HTD"。

当在两片电极上面接通交流音频信号时，压电片会根据信号的大小、频率发生震动而产生相应的声音。压电陶瓷片由于结构简单造价低廉，被广泛应用于电子电器方面，如玩具、电子仪器、电子钟表、定时器等方面。

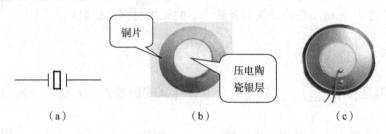

图 5-4 压电陶瓷片

压电陶瓷片发出的声音较小，为了增强音响，通常要为它增加一个共鸣盒，可以大大地增强音响。如果压电陶瓷片上没有附加共鸣盒，可以选用大小合适的材料制作。

引线焊接：压电陶瓷片通常是不带引线的，需要自己焊接，一般采用多股软线作为引线，如图 5-4（c）所示。首先将多股软线剥头搪锡，再焊接在压电陶瓷片上。焊接时要求速度快、焊点小，否则容易损坏压电陶瓷片的镀银层。焊接好后，不能拉扯导线，否则容易拉脱镀银层。

2. 压电陶瓷片的检测

（1）外观检测：陶瓷片表面是否破损、开裂、引线是否脱焊。

（2）电阻法：用万用表电阻挡测量陶瓷片的两板，应为无穷大。用拇指稍用力挤压陶瓷片，阻值应小于 1 MΩ。如果没有挤压而测出电阻，说明压电陶瓷有漏电。

（3）直流电压法：用万用表 2 V 电压挡，连接两极，用手挤压、松开陶瓷片，显示正负零点几伏的电压变化。压力相同时，显示电压越大灵敏度越高。

（4）直流电流法：用万用表微安挡，两根表笔分别接陶瓷片的两个电极，平放蜂鸣片，用手指面对陶瓷片轻压，观察数字显示。若有，说明蜂鸣片正常（显示数字越大，质量越好；无变化，说明已失效）。

【做中学】

1. 压电陶瓷片是电声元器件，它具有压电效应。（对的打"√"，错的打"×"）

2. 压电陶瓷片的特性是在压电片上加上电压，压电片会变形产生机械振动；在压电片上加上机械压力，压电片会产生电压。（对的打"√"，错的打"×"）

3. 压电陶瓷片电阻测量法，是利用压电陶瓷片压电效应中的力生电的原理。（对的打"√"，错的打"×"）

4. 压电陶瓷片的结构组成含有线圈。（对的打"√"，错的打"×"）

5. 将无引线的压电陶瓷焊上导线。

焊接时要求_____、_____；焊接好后，不能拉扯导线，否则容易拉脱_____。准备_____软导线，剥头_____，按图 5-4（c）焊接好。

6. 根据书中叙述,使用一种方法测压电陶瓷(使用的方法_____,挡位_____),感受一下是不是书中描述的现象。

把现象记录一下:_____。

【评 价】

四、LM358 简介

LM358 是普通运算放大器,内部含有两组运算放大器,在电路放大、电路控制方面用途广泛。

1. LM358 实物及内部结构

LM358 实物及内部结构,如图 5-5 所示。

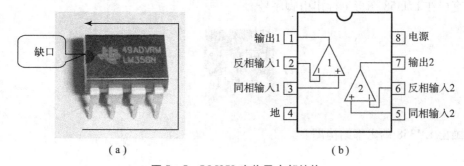

图 5-5 LM358 实物及内部结构

2. 引脚排列规则

LM358 集成块属于双列直插式(DIP)集成块。一般双列直插式集成块引脚识别方法是:将集成块水平放置,引脚朝下,以缺口、凹槽或色点等作为参考标记,引脚从标记处开始按逆时针方向排列,依次为 1、2、…、8,如图 5-5(a)所示。

3. 引脚功能

LM358 的引脚功能如表 5-1 所示。

表 5-1 引脚功能

引脚	功能	引脚	功能
1	运放 1 输出端	5	运放 2 同相输入端
2	运放 1 反相输入端	6	运放 2 反相输入端
3	运放 1 同相输入端	7	运放 2 输出端
4	接地端	8	电源端

4. 运算放大器的符号

运算放大器是多端器件，但在画电路图时为简便起见，通常只画集成运放的输入端和输出端，其余各端（如电源端、接地端等）可省略不画，常用的符号如图 5-6 所示。

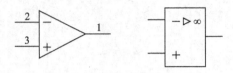

图 5-6 运算放大器符号

【课堂练习】

1. 运放符号如图 ![符号], 1 脚表示_____端，2 脚表示_____端，3 脚表示_____端。

2. 直接在 LM358 图形上标出引脚序号。

3. 画出 LM358 的内部结构图。

【评　价】

任务二　电子音乐盒的工作原理

【学习目标】

◆ 了解运算放大器的构成。
◆ 了解电压比较器的原理。
◆ 掌握音乐盒的工作原理。

【运算放大器知识】

一、运算放大器

由于通过放大器可以对电路的输入信号进行加法和减法运算,所以称为运算放大器,简称运放。

运放有两个输入端 U_+、U_- 和一个输出端 U_o。U_+ 端称为同相输入端,简称"同相端";U_- 端称为反相输入端,简称"反相端"。这里的"同相"和"反相"是指运算放大器的输入电压与输出电压之间的相位关系。

当"同相端"接地,反相端加一个正信号时,输出端输出为负。

当"反相端"接地,同相端加一个正信号时,输出端输出为正。

★ 提示:

当运放的电源使用正负供电时,输出可以为负。

二、运算放大器的内部构成

集成运算放大器实质上就是一个多级直接耦合的直流放大器电路,具有可靠性高、寿命长、重量轻、耗电小,以及电压放大倍数大、输入电阻高、输出电阻低、共模抑制比高等优点。集成运算放大器已成为模拟电路中一个基本单元电路,因其高性能、低价位,在大多数情况下,已经取代了分立元器件的放大电路。

1. 一般的直流放大器

直流放大电路的耦合方式只能是直接耦合,而不能采用阻容耦合或变压器耦合,因为这两种耦合方式都不能传递直流信号,故直流放大器又称为直接耦合放大器。图 5-7 是典型的直流放大器,VT_1 与 VT_2 之间直接相连。

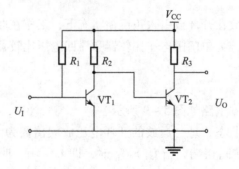

图 5-7 一般直流放大器

2. 差动式直流放大器

差动式(又称差分式)放大器是由两个完全对称的单管放大器连接而成,如图 5-8

所示。

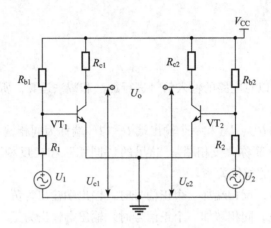

图5-8 差分放大器

VT_1 和 VT_2 是两个特性完全相同的晶体管。电路对称元件的参数都相等，即 $R_{c1} = R_{c2}$，$R_{b1} = R_{b2}$，$R_1 = R_2$。信号电压从两个晶体管 VT_1 和 VT_2 的基极输入。放大后的输出电压由两管的集电极输出。输出电压与两个输入端信号之差成正比，所以叫差动放大器。

3. 运算放大器的应用

集成运算放大器按其工作在线性区域和非线性区域，可以分为线性应用和非线性应用。

集成运放线性应用和特征是电路引入了负反馈，电路处于闭环状态，利用反馈网络能够实现各种数学运算，如比例、加减、积分、微分等基本运算，也适合放大交流信号和制作正弦波发生器等。

集成运放非线性应用的特征是电路处于开环状态，常用作电压比较器、施密特触发器、矩形波发生器等。

【电压比较器】

电压比较器是集成运放在开环或引入正反馈状态下，工作在非线性区对输入信号进行鉴别与比较的电路，它可以分为单门限电压比较器和滞回电压比较器两种。

1. 单门限电压比较器

单门限电压比较器基本电路如图5-9所示。

集成运放工作于开环状态，理想运放的开环电压放大倍数为无穷大，输入信号 U_i 加在反相端，参考电压 U_R 接在同相端。当 $U_i > U_R$ 时，即 $U_- > U_+$ 时，$U_o = -U_{om}$；当 $U_i < U_R$ 时，即 $U_- < U_+$ 时，$U_o = +U_{om}$。

若希望当 $U_i > U_R$ 时，$U_o = +U_{om}$，只需将 U_i 与同相输入端连接，U_R 与反相输入端连接即可，如图5-10所示。

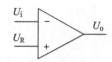

图 5-9 单门限电压比较器

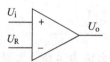

图 5-10 U_R 与反相输入端连接

2. 滞回电压比较器

在单门限电压比较器中，输入电压在阈值电压附近的任何微小变化，都会引起输出电压的翻转，不管这种微小变化是来源于输入信号还是外部干扰。因此，虽然单门限电压比较器很灵敏，但抗干扰能力差，滞回电压比较器具有滞回特性，即惯性，因而也就具有一定的抗干扰能力。从同相器输入端输入的滞回电压比较电路见图 5-11。这种比较器输出的 U_o 电压通过电阻 R 将电压的一部分反馈给同相端，使得输入电压 U_i 增加，加大了同相端电压与反相端电压差。即使 U_i 降低一点也不会影响输出端电压变化。

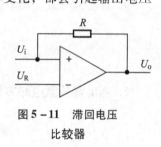

图 5-11 滞回电压比较器

【音乐盒的原理】

我们通过做一个音乐盒电路来了解运放构成的电压比较器知识，电路方框图如图 5-12 所示。

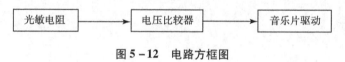

图 5-12 电路方框图

音乐盒工作原理：以运算放大器构成了典型的电压比较器电路，如图 5-1 所示，其中 R_1 和 R_2 连接点接到运放的第 3 脚同相端作为比较器电压基准，R_1、R_2 电阻相同，通过电阻分压，基准电压为电源电压的 $1/2\ V_{CC}$；运放第 2 脚反相端接到电阻 R_3 与光敏电阻的连接点上。

当光敏电阻 R_G 没有感应到光线时，电阻很大，这时反相端 2 脚的电压 U_2 应该远大于 $1/2\ V_{CC}$，即大于同相端电压 U_3，根据比较器的工作原理，反相端电压大于同相端电压则运放输出为低电平，这时三极管 VT 的 b 极无电压，三极管截止，音乐集成块无供电，不发出音乐声。

当音乐盒打开后，光敏电阻 R_G 感应到光线时，其电阻值迅速变小，通过 R_3 和光敏电阻 R_G 分压形成的反相端 2 脚电压也将变低。当 U_2 电压小于 U_3 电压，运放输出端即 1 脚输出高电平，三极管 VT 导通，电源经过 VT 的 c、e 极接到音乐片的电源端，音乐片就加上了电源电压，音乐片驱动压电陶瓷片发出音乐声。

当再次关闭音乐盒，由于光敏电阻没有感应到光线，使比较器输出为低电压，关闭了音乐片的电源，声音停止。

【课堂练习】

1. 为什么称为运算放大器？＿＿＿＿＿＿＿＿＿＿＿＿＿＿＿＿＿＿。
2. "＿＿＿＿"和"＿＿＿＿"是指运算放大器的输入电压与输出电压之间的相位关系。
3. 运算放大器的使用上主要是＿＿＿＿应用和＿＿＿＿应用。电压比较器属于＿＿＿＿应用。
4. 绘出差分放大器电路图：

5. 画出音乐盒电路方框图：

6. 本电路利用光敏电阻感光时电阻变＿＿＿＿，使比较器输出电压发生变化。
7. 根据电路图，本电路设置的同相端3脚电压应该是＿＿＿V，当2脚电压大于3脚电压时，三极管VT处在＿＿＿＿状态，音乐片＿＿＿声。

【评 价】

任务三 电子音乐盒的制作与调试

【学习目标】

◆ 能够根据工作任务配置工具和仪器。
◆ 根据电路原理图填写元件清单。
◆ 根据PCB图装配电路。
◆ 能够分析焊接工艺问题及原因。
◆ 掌握电路调试方法。

【音乐盒的制作】

一、PCB图准备

图5-13是利用Protel DXP 2004绘制的参考图。

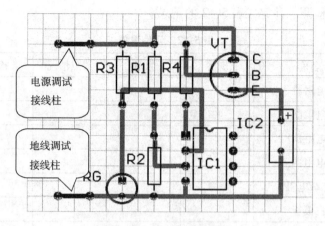

图 5-13 音乐盒 PCB 图

说明：(1) 元件安装参考图中的元件封装位置，连线则参考图中的连线情况。
(2) 注意元件插装完成后，实际连线图形与参考图是镜像关系。

二、制作准备

【做中学】

1. 请写出需要准备的工具、仪器仪表、耗材有哪些？
(1) 需要哪些工具？

(2) 需要哪些仪器仪表？

(3) 需要哪些耗材？

2. 在以下图纸中仿画出电子音乐盒的 PCB 图，仿画过程中，注意元件封装、极性以及元件之间的连接关系。

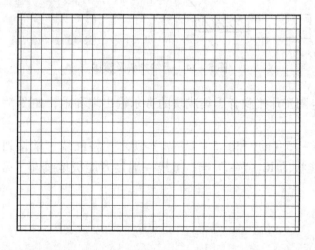

3. 元件清点与检测，并完成表 5-2 的记录。

表 5-2　元件清单

代号	名称	规格	数量	清点情况	检测情况（好坏）
R_1	电阻器				
R_2	电阻器				
R_3	电阻器				
R_4	电阻器				
R_G	光敏电阻				
VT	三极管				
IC_1	集成块				不需检测
IC_2	集成块				不需检测
B	压电陶瓷片				

【评　价】

三、装配要求和方法

1. 音乐集成块的安装

第一步：将两根导线（红、黑）两端剥去绝缘层（约 3 mm），因为是多股线，用手指按顺时针捻头并镀上一层焊锡，如图 5-14 所示。

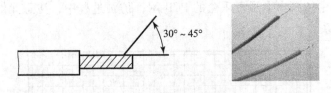

图 5-14　导线捻头及镀锡

第二步：将压电陶瓷片接到音乐集成块的音乐输出端和地，如图 5-15（a）中的①和②点。

第三步：如图 5-15（a）和图 5-15（b）所示，将红线一端接到音乐集成块的电源端，另一端接到万能板的 IC_2 "＋"端；黑线一端接万能板地线端，另一端接到万能板的 IC_2 地。

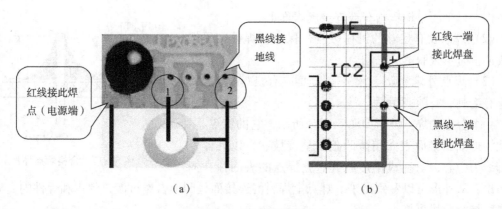

图 5-15 音乐片装配图

2. 光敏电阻的安装

需要考虑到音乐盒打开后光敏电阻能够感应到比较亮的光线，其他元件的安装按照之前的工艺要求执行。

【焊接质量评估】

图 5-16 是利用万能板制作的电路，该板焊接良好，布线合理整齐，是手工焊接的精品。

图 5-16 利用万能板制作的电路

一、对焊点的要求

（1）要求焊点具有良好的导电性，防止虚焊。虚焊是指焊料与被焊件表面没有形成合金结构，只是简单地依附在被焊金属表面上。

（2）焊点要有足够的机械强度，保证被焊件在受振动或冲击时不致脱落、松动。

（3）焊点外观光洁、整齐，表面应有良好的光泽，不应有毛刺、空隙或污垢。

一个合格的焊点外形如图 5-17 所示，它的特点是：形状为近似圆锥而表面稍微凹陷，呈慢坡状，以元器件引脚线为中心，对称成裙形展开。虚焊点的表面往往向外凸出，从外形可以鉴别出来。焊点上焊料的连接面呈凹形自然过渡，焊锡和焊件的交界处平滑，接触角尽可能小。

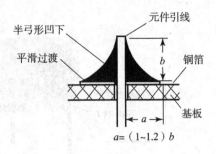

图 5-17 合格焊点外形

二、焊点质量分析

在实际焊接操作中，由于操作的不规范、不合理，会产生一些焊接的缺陷，常见的有虚焊、焊锡过多或过少、拉尖、铜箔翘起、桥接等现象。

焊点缺陷外形特点、原因及造成的结果等具体情况见表 5-3。

表 5-3 焊点质量分析

焊点外形	外观特点	原因分析	结 果
	表面看元件引脚与焊盘似乎连接到一起	焊件的表面不清洁，或者助焊剂不良，或者加热不足	不导电或导电性能不稳定，机械强度低，有时用手一拔引脚线就可以从焊盘中拔出，即虚焊、假焊
	焊锡过多，焊点呈凸形	焊锡丝撤离不及时，造成焊锡量过多	浪费焊料，在焊点密集度较大的地方，容易造成与其他焊点的短路
	焊锡过少	焊锡丝撤离过早，造成焊锡过少	机械强度不足，导电性弱，受到外力作用很容易引起焊点松动，导致元件断路
	在焊点出现一些小孔，内部通常是空的	焊锡在气体尚未完全排除即已凝固	强度不够，焊点容易腐蚀
	出现拖尾、拉尖	焊接时间过长、导致温度太高，使得助焊剂完全挥发；或者是焊料不合格；或烙铁撤离角度不当	外观不佳，易造成桥接
	铜箔从印制板上翘起	温度过高、焊接时间过长、多次焊接、焊盘受力等	严重时会导致焊盘脱落，致使印制板损坏

续表

焊点外形	外观特点	原因分析	结 果
	焊锡分布不对称,即偏焊	助焊剂或焊锡丝质量不好,或是加热不足	焊点强度不够,受外力影响容易引发元器件断路故障
	表面无光泽,呈豆渣状,焊点内部结构疏松,容易有气隙和裂隙	在焊锡凝固之前可能使焊件移动或振动,特别在用镊子夹住焊件时没有等到焊锡凝固再移去镊子,即所谓冷焊	造成焊点强度降低,导电性能差
	焊锡将印刷电路板相邻的铜箔连接起来,即桥接	焊料过多,焊接时间过长,焊料温度过高,电烙铁撤离角度较小	电气短路

★ 提示:

焊接要点:

为了尽量避免出现上述几种焊接缺陷,除了要严格按照焊接操作步骤之外,还要注意以下几点。

(1) 焊件表面要处理好。

焊接时焊件金属的表面应保持清洁,因此在焊接前要对焊件进行清理工作,去除焊件表面的氧化层、油污、锈迹、杂质等。

(2) 保持烙铁头的清洁。

焊接时,烙铁头的温度很高,并且经常接触助焊剂,在其表面容易形成黑色的杂质,影响焊接质量及美观,应及时用浸湿的百洁布或湿海绵进行擦拭。

(3) 加热焊件的位置要合理。

焊接时,烙铁头应同时给两个焊件加热,使得两个焊件受热均匀,防止出现虚焊的现象。对于圆斜面形的烙铁头在焊接时应将其斜面向上,利于观察焊锡的量。

(4) 焊接时间要适当。

从加热焊件到撤离电烙铁的操作一般应在 2～3 s 内完成。如果时间过长,会使得焊点中的助焊剂完全挥发,失去助焊的作用,导致焊点表面粗糙、颜色发黑、无光泽、形状不好;如果时间过短,焊接处的温度达不到焊接要求,焊料不能充分熔化,容易造成虚焊。

(5) 焊料供给要恰当。

焊料的供给量要根据焊件的大小来定,焊料过多会造成浪费且使得焊点过于饱满,焊料过少则不能使焊件牢固结合,降低了焊接强度。

(6) 电烙铁撤离的方向要正确。

撤离电烙铁是整个焊接过程中相当关键的一步,当焊点接近饱满,助焊剂尚未完全挥发、焊点最光亮、流动性最强的时候，应向右上45°方向迅速移开烙铁。

（7）焊锡凝固注意要点。

在焊点上的焊锡没有凝固之前，切勿移动焊件或使焊件受到振动，特别是用镊子夹住焊件时，一定要等焊锡凝固后再移走镊子，否则极易造成焊点结构疏松或虚焊。

三、焊接质量检查

焊好电路板后，要认真检查是否有假焊、虚焊及断路、短路的情况，二极管、三极管等是否有管脚错焊的情况；焊点是否有毛刺、不干净的情况等，都必须一一补救。

1. 目视检查

目视检查主要有以下内容：
（1）是否有漏焊，漏焊是指应该焊接的焊点没有焊上。
（2）焊点的光泽好不好。
（3）焊点的焊料足不足。
（4）焊点周围是否有残留的焊剂。
（5）有没有连焊。
（6）焊盘有没有脱落。
（7）焊点有没有裂纹。
（8）焊点是不是凹凸不平。
（9）焊点是否有拉尖现象。

2. 手触检查

手触检查主要有以下内容：
（1）用手指触摸元器件时，有无松动、焊接不牢的现象。
（2）用镊子夹住元器件引线轻轻拉动时，有无松动现象。
（3）焊点在摇动时，上面的焊锡是否有脱落现象。

【做中学】

1. 对焊点的要求是＿＿

2. 画出合格焊点的图形。

3. 分析图 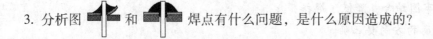 和 焊点有什么问题，是什么原因造成的？

4. 简述如何完成高质量的焊接?

5. 对自己焊接的电路评价一下:

6. 焊接音乐片时有无问题?请写出总结。

【评　价】

【音乐盒电路调试】

一、调试要求和方法

（1）对照装配图和电路原理图对电路进行检查，确保元件安装、连接正确，电路无搭焊，漏焊、虚焊等问题。
（2）接上电源线，将电源电压输出调至5 V。
（3）用黑色胶布等不透光的材料遮住光敏电阻。
（4）去掉黑胶布，试听音乐声。如已说明电路安装正确，音乐盒电路功能已经实现。

二、电路测量

【做中学】

1. 测量比较器的电压，并将数据记录于表5-4中。

表 5-4 记录测量数据

光敏电阻	引脚	LM358 的 3 脚 同相输入端	LM358 的 2 脚 反相输入端	LM358 的 1 脚 输出端	三极管 9013		
					e	b	c
遮光时	电压值						
感光时	电压值						

（1）通过测量，发现_____>_____时，输出端电压_____，有音乐声。

发现_____>_____时，输出端电压_____，无音乐声。

（2）通过测量，发现 VT 的 U_{be} = _____时（U_{be} 表示 b 极与 e 极之间的电压），有音乐声，说明 VT 处在_____（截止、放大、饱和）状态。

2. 遮光时，LM358 的 2 脚电压_____（升高、降低），说明光敏电阻值_____（变大、变小）。

3. 设计的音乐盒打开后有音乐，是由于整个电路接通了电源。（对的打"√"，错的打"×"）

【评 价】

三、总装调试

根据自己的爱好设计一个盒子，将电路装入，注意光敏电阻的安装位置，当盒子的盖子打开后，音乐盒会发出悦耳的音乐声。

【故障案例分析】

一、故障现象：无光时，有音乐声，有光时，无声

1. 故障分析

从电路分析，当有光线时，光敏电阻感光，电阻变小，通过电阻分压，光敏电阻上的电压会下降，如果此时无声，说明光敏电阻接到了同相端，使运放输出低电压，音乐片没有驱动电源。

2. 检修方法

测量有光照时运放的同相端电压值和反相端电压值，如果同相端电压变低，说明光敏电阻接错了，改正过来即可。

二、故障现象：有光时也没有音乐声

1. 故障分析

根据电路原理，这个故障的范围较大，但可以通过关键点的检测来判断故障部位，如图 5-18 所示将电路分成两大部分。通过测量三极管 VT 的 e 极电压区分故障范围，如果光敏电阻感光时，e 极电压没在 3.5 V 左右，说明故障在运放电路；如果 e 极电压在 3.5 V 左右，说明音乐片驱动有问题。

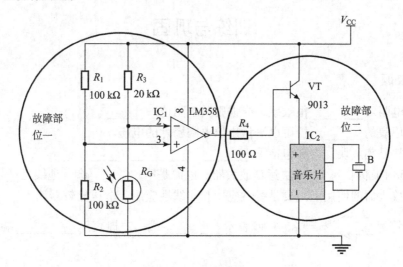

图 5-18　电路故障分析

2. 检修方法

用万用表电压挡检测运放 1 脚电压。

（1）如果有电压则说明运放正常，故障在音乐片驱动电路上。

测量 e 极电压：

①有，应该检查音乐片是否损坏，压电陶瓷片是否损坏，可以用好的器件试一试。

②没有，可能是 R_4 与 VT 的 b 极未连接上，或者 VT 的 be 极开路了。可以测量 R_4 另一端是否有电压，如果有而 b 极没有，说明 R_4 一端没有与 b 极连上；如果 b 极有电压但 e 极没有，那就是三极管 be 极断开。

（2）如果没有电压，那么运放电路有问题。

测量运放 2 脚电压是否随着光照变化，如果没有变化，可能是 R_G 没有接到 2 脚上，测量 3 脚电压是否是 $1/2\ V_{CC}$，若不是，检查 R_1、R_2 是否接到 3 脚。

【做中学】

1. 记录电路出现了什么故障，并尝试分析原因。

故障现象：_____

最终在哪里找出问题：_____

分析这个问题为什么会导致这样的故障现象？

_____

_____

【评价】

训练与巩固

一、填空题

1. 光敏电阻对_____很敏感，光强则其电阻值_____。
2. 用万用表的_____挡可以测量出压电陶瓷片的电压。
3. 音乐片是集成块，内部包括了_____，_____，_____。
4. LM358 内部有_____块运算放大器。电源是第_____脚，地线是_____。
5. 运算放大器的使用上主要是线性应用和非线性应用。电压比较器属于_____应用。
6. 运放符号 中，1 脚表示_____端，2 脚表示_____端，3 脚表示_____端。
7. 图像 显示出焊点出现_____问题，原因_____。
8. 调试时应该先检查_____、_____、_____等，再通电。
9. 打开音乐盒，应该有_____声，否则说明制作的音乐盒_____。
10. 有音乐声时测量 LM358 第 3 脚，电压应该是_____V。

二、单项选择题

1. 压电陶瓷引线焊接时要注意（　　）。
   ①时间长一点　　　　　　　②时间短一点
   ③焊完拉线试试是否牢固　　④焊锡多一点
2. LM358 内部有（　　）个运放。
   ①1　　　　②2　　　　③3　　　　④4
3. 电压比较器可以分为单门限电压比较器和（　　）电压比较器两种。
   ①加法　　　②减法　　　③滞回　　　④高增益
4. 差动放大器输出电压与两个输入端信号之（　　）成正比。
   ①和　　　　②差　　　　③比　　　　④乘积
5. 图像 中表示焊点出现了下列哪种情况？（　　）

①焊锡少　　　　②焊盘不干净　　　③助焊剂过多　　　④烙铁撒离方向不对

三、判断题（正确的打"√"，错误的打"×"）

1. 压电陶瓷片内部含有线圈，不过阻抗很大。（　　）
2. 本电路中当同相输入端电压比反相输入端电压高时，输出低电压，无声音。（　　）
3. 遮住光敏电阻后，LM358 的 2 脚电压会下降。（　　）
4. "同相和反相"指运算放大器的输入电压与输出电压之间的大小关系。（　　）
5. 焊接时不需要清洁焊件。（　　）

四、简述题

1. 绘出音乐盒的电路原理图，要求元件符号准确，代号清楚，标出标称值，比例合适。
2. 简述音乐盒电路原理。
3. 结合自己调试过程，写出调试步骤。
4. 结合自己制作的电路，举例分析哪些符合工艺要求，哪些不符合工艺要求。
5. 试着使用网络查一下有没有内部包含 4 组运放的集成块？如有，标出型号。
6. 编一份电子音乐盒的说明书来（字数不限，但要能够将功能叙述清楚）。
7. 写一份学习心得体会（至少 100 字）。

项目六

叮咚门铃

【情景描述】

"叮咚""叮咚",悦耳的门铃响起,哦!是我的朋友来了。伴随着叮咚门铃的余音,我打开门,惊喜地叫着:"是你,我多年不见的老朋友来了!"

怎么样,是不是同学们已经迫不及待想做一个门铃呢?来吧,动手吧。

通过这个电路的制作,我们将认识 NE555 时基电路并学习示波器的使用,提高我们分析和解决问题的能力。

【任务分解】

➢ 任务一　叮咚门铃电路识图
➢ 任务二　叮咚门铃电路的装配
➢ 任务三　叮咚门铃电路的调试

任务一　叮咚门铃电路识图

【学习目标】

◆ 认识 NE555 集成块、扬声器。
◆ 了解叮咚门铃电路的工作原理。
◆ 掌握叮咚门铃电路装配图的识读方法。

用 NE555 集成块可以制作各种电路,下面介绍由 NE555 构成的叮咚门铃电路。电路原理图如图 6-1 所示,在该电路中增加了两个新元件,即 NE555 和扬声器,先来认识一下这两个器件。

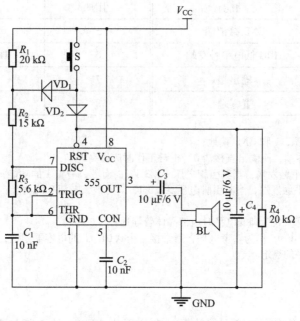

图 6-1 叮咚门铃原理图

【认识新元件】

一、NE555 集成块

NE555 时基电路是一种多用途的数字 - 模拟混合集成电路,它将数字和模拟电路巧妙地结合在一起,能很方便地构成施密特触发器、单稳态触发器和多谐振荡器等,由于使用灵活方便,因而在自动控制、家用电器等许多领域得到了广泛的应用。

1. 引脚功能

NE555 集成块(集成块简称 IC)引脚功能如图 6-2 所示,功能描述如表 6-1 所示。

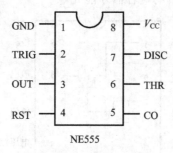

图 6-2 NE555 引脚功能

表 6–1 NE555 的功能描述

引脚	功能	引脚	功能
1	GND 接地端	5	电压控制端
2	TRIG 低电平触发端	6	THR 高电平触发端
3	输出端	7	DISC 放电端
4	置零端	8	电源端

说明：

第 8 脚：V_{CC} 接正电源，1 脚 GND 接地；

第 4 脚：低电平置零端，使输出直接清 0，正常工作时应接高电平；

第 2 脚：TRIG 低电平触发端，当其引脚电压 <1/3 V_{CC} 时有效，有置 1 的功能；

第 6 脚：THR 高电平触发端，当其引脚电压 >2/3 V_{CC} 时有效，有清 0 的功能；

第 3 脚：输出；

第 7 脚：内接晶体管，当 3 脚低电平时内部晶体管导通；

第 5 脚：平时是 2/3 V_{CC}，作为参考电平，通常接一个 0.01 μF 的电容器到地，起滤波作用，消除外来的干扰，以确保参考电平的稳定。

2. 逻辑关系

逻辑关系一般是指输出与输入的关系，在这里指 NE555 的 3 脚与 2、6 脚的关系。即 3 脚输出的电平状态受 2 脚和 6 脚控制。

当 NE555 的 4 脚接低电平时，即 <0.4 V 时，起复位作用，不管 2、6 脚状态如何，输出端 3 脚都输出低电平，即 3 脚不受 2、6 脚控制。因此，NE555 正常工作时，4 脚要为高电平。

当 4 脚为高电平，NE555 正常工作时，2 脚和 6 脚的电平状态会影响 3 脚的输出。2 脚和 6 脚是互补的，2 脚只对低电平起作用，高电平对它不起作用，即电压小于 1/3 V_{CC} 时，此时 3 脚输出高电平。6 脚为高触发端，只对高电平起作用，低电平对它不起作用，即输入电压大于 2/3 V_{CC} 时，3 脚输出低电平，但有一个先决条件，即 2 脚电位必须大于 1/3 V_{CC} 时才有效。3 脚在高电位接近电源电压 V_{CC} 时，输出电流最大可达 200 mA。

7 脚称放电端，受 3 脚电平影响，7 脚与 3 脚内部结构关系如图 6–3 所示，当 3 脚输出低电平时，内部三极管 VT 导通，电容器通过 7 脚形成放电回路，当输出端 3 脚输出高电平时内部三极管截止，接到 2、6 脚的电容器才能充电。

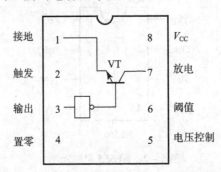

图 6–3 NE555 内部 7 脚与 3 脚的连接关系

NE555 集成块输入输出之间的逻辑关系（又称真值表）如表 6-2 所示。

表 6-2 NE555 逻辑关系

输入		置零端	放电端内部 VT 状态	输出
对低电平起作用，即 $<1/3\,V_{CC}$	对高电平起作用，即 $>2/3\,V_{CC}$			
TRIG（2 脚）	THR（6 脚）	RST（4 脚）	DISC（7 脚）	OUT（3 脚）
×	×	0（低电平）	×	0
$<1/3V_{CC}$	$<2/3V_{CC}$	1（高电平）	截止	1（置 1）
$>1/3V_{CC}$	$>2/3V_{CC}$	1	导通	0（清 0）
$>1/3V_{CC}$	$<2/3V_{CC}$	1	不变	保持原来状态不变
$<1/3V_{CC}$	$>2/3V_{CC}$	1	截止	1

3. NE555 构成的多谐振荡器原理

多谐振荡器是能产生矩形波的一种自激振荡器电路，由于矩形波中除基波外还含有丰富的高次谐波，故称为多谐振荡器。多谐振荡器没有稳态，只有两个暂稳态，在自身因素的作用下，电路就在两个暂稳态之间来回转换，故又称它为无稳态电路。

由 NE555 构成的多谐振荡器如图 6-4（a）所示，R_1、R_2 和 C 是外接定时元件，电路中将高电平触发端（6 脚）和低电平触发端（2 脚）连接后接到 R_2 和 C 的相连处，将放电端（7 脚）接到 R_1、R_2 的相连处。

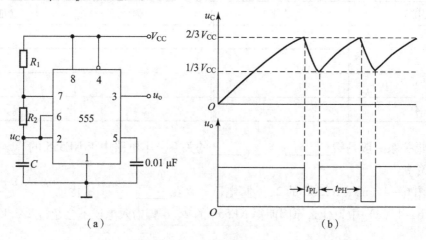

图 6-4 NE555 构成的多谐振荡器和输入、输出波形

（1）由于接通电源瞬间，电容 C 来不及充电，电容器两端电压 u_C 为低电平，小于 $\frac{1}{3}V_{CC}$，满足逻辑关系第二条即 6 脚高电平触发端与 2 脚低电平触发端均为低电平，3 脚输出 u_o 为高电平，放电管 VT 截止，电容 C 不通过 7 脚放电。

这时，电源经 R_1、R_2 对电容 C 充电，使电压 u_C 按指数规律上升。当 u_C 上升但还没到

2/3 V_{CC}时,满足逻辑关系第四条即 1/3 V_{CC} < u_C < 2/3 V_{CC},3 脚输出 u_o 保持原来高电平不变。

(2) 当 u_C 上升到 2/3 V_{CC}时,满足逻辑关系第三条即 6 脚高电平触发端与 2 脚低电平触发端均为高电平,3 脚输出 u_o 为低电平,放电管 VT 导通,这时电容 C 通过 R_2 经 7 脚放电。把 u_C 从 1/3 V_{CC} 上升到 (2/3) V_{CC} 这段时间内电路的状态称为第一暂稳态,其维持时间的长短与电容的充电时间有关。充电时间常数 $\tau_充 = (R_1 + R_2) \times C$。

(3) 由于放电管 VT 导通,电容 C 上的电压通过电阻 R_2 和放电管 VT 放电,电路进入第二暂稳态。其维持时间的长短与电容的放电时间有关,放电时间常数 $\tau_放 = R_2 \times C$。

随着 C 的放电,u_C 下降,当 u_C 下降到 1/3 V_{CC}时,满足逻辑关系第二条即 6 脚高电平触发端与 2 脚低电平触发端均为低电平,3 脚输出 u_o 为高电平,放电管 VT 截止,电源再次对电容 C 充电,电路又翻转到第一暂稳态。

不难理解,接通电源后,电路就在两个暂稳态之间来回翻转,输出端输出矩形波。电路一旦起振后,u_C 电压总是在 (1/3~2/3) V_{CC} 之间变化。如图 6 – 4 (b) 所示为工作波形。

【做中学】

1. NE555 时基电路是一种多用途的_____混合集成电路。
2. NE555 是集成块,集成块简称_____,如何读第一脚_____?
3. 将 NE555 各引脚功能填入表 6 – 3 中。

表 6 – 3 NE555 各引脚功能

引脚	功能	引脚	功能
1		5	
2		6	
3		7	
4		8	

4. 逻辑关系一般是指_____与_____的关系。本电路中指 NE555 的____脚与____、____脚的关系。
5. 看图 6 – 4 (a),NE555 的 2、6 脚电压一直在_____V_{CC} 变化。
6. 图 6 – 4 (a) 中,什么原因使得 NE555 的 2、6 脚输入电压不会超过 2/3 V_{CC}?

【评 价】

二、认识扬声器

扬声器是将电信号转换成声音信号的器件，本制作项目采用的是电动式扬声器。电动式扬声器的特点是电气性能优良、成本低、结构简单、品种齐全、音质柔和、低音丰满、频率特性的范围较宽等，是家用电器中采用最多的一种扬声器。

1. 符号表示

扬声器的电路符号如图6-5所示。文字符号一般为"BL"或"B"。

2. 内部结构

如图6-6所示电动式扬声器由纸盆、音圈组成的振动系统和磁路系统等组成。

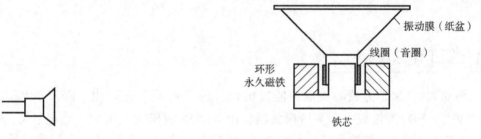

图6-5 扬声器　　　　　　图6-6 电动式扬声器的构成

3. 主要指标

（1）额定阻抗。

扬声器的阻抗指音频400 Hz时从扬声器输入端测得的阻抗。额定阻抗一般是音圈直流电阻的1.25倍。常见额定阻抗有4 Ω、8 Ω、16 Ω、32 Ω等。

（2）额定功率。

标称功率指扬声器在额定不失真范围内允许的最大功率，在扬声器的商标和说明书中标注的功率就是标称功率。

（3）最大功率。

瞬间所能承受的峰值功率。

4. 检测

（1）通过测量扬声器音圈直流电阻来检测扬声器，方法是两表笔（不分正、负）接扬声器两引出端，万用表所指示的即为扬声器音圈的直流电阻，应为扬声器标称阻抗的0.8倍左右，如过小，说明音圈有局部短路；如不通，则说明音圈已断路。

（2）目测扬声器纸盆是否有破损，音圈引线是否断开。

（3）接入电路实际试听，检查扬声器是否失真等指标。

【做中学】

1. 扬声器的电路符号为_____，文字符号一般为_____。
2. 电动式扬声器由_____、_____组成的振动系统和磁路系统等组成。
3. 扬声器的阻抗指音频_____Hz时从扬声器输入端测得的阻抗。
4. 用万用表的_____挡，接扬声器两引出端，如果显示"1"，扬声器_____。
5. 扬声器标称阻抗8 Ω，用万用表电阻挡测量应该为8 Ω。（对的打"√"，错的打"×"）

【评　价】

【电路工作原理】

电路以NE555为核心构成，能发出悦耳的"叮咚"声，由NE555、R_1、R_2、R_3、C_1、VD_1、VD_2等组成一个多谐振荡器，由NE555逻辑关系可知，当电容C_1两端电压小于$1/3\ V_{CC}$时，3脚输出高电平；当C_1两端电压达到$2/3\ V_{CC}$时，3脚输出低电平。如此反复，即产生一连串脉冲信号，其振荡频率由R_1、R_2、R_3、C_1构成的充放电回路参数决定。

一、S未按下时，不发声

S为门铃按钮，平时处于断开状态，在S断开情况下，NE555的4脚呈低电平，处于强制复位状态，3脚输出低电位，扬声器不发声。

二、S按下时，发"叮"声

当按下S后，扬声器此时发出"叮"的声音。电源V_{CC}通过S、VD_2对C_4快速充电至V_{CC}，NE555的4脚变为高电位，NE555电路工作。此时电源通过VD_1、R_2、R_3给C_1充电。随着对C_1充电，C_1两端电压即NE555的2、6脚电压升高，当电容C_1两端电压小于$1/3\ V_{CC}$时，3脚输出高电平，当电压上升为$1/3\ V_{CC} < u_C < 2/3\ V_{CC}$时，保持高电平不变。此时，NE555内部放电管VT截止。

维持高电平的时间（即C_1充电的时间）计算如下：

$$\tau_1 = 0.7\ (R_2 + R_3) \times C_1$$

将元件参数代入公式（代入时注意单位换算，电阻是Ω，电容是F，时间是s），代入后$\tau_1 = 14.42 \times 10^{-5}\ s = 144.2\ \mu s$。

当电压超过$2/3\ V_{CC}$时，3脚输出低电平，同时NE555内部放电管VT导通，即7脚内部与1脚接通，C_1开始通过R_3放电，放电回路为：$C_1 \to R_3 \to$芯片内部VT$\to$地。这时3脚输出电压不变，仍然为低电平。

维持低电平时间（即 C_1 放电的时间）计算如下：
$$\tau_2 = 0.7R_3 \times C_1$$
代入元件参数后得出 $\tau_2 = 3.92 \times 10^{-5}$ s $= 39.2$ μs。

随着 C_1 的放电，NE555 的 2、6 脚电位下降，当电压低于 $1/3\ V_{CC}$ 时，NE555 的 3 脚输出变高电位，放电回路被切断，C_1 又开始新一轮充电，如此循环往复，实现了振荡。此振荡信号从 NE555 的 3 脚输出经 C_3 耦合驱动扬声器发出"叮"的声音。

振荡周期为：
$$T_{叮} = \tau_1 + \tau_2 = 183.4\ \mu s$$

振荡频率为：
$$f_{叮} = 1/T_{叮} = 5.45\ kHz$$

三、S 松开后，发"咚"声

S 松开后，由于 C_4 上已充满电荷，即 NE555 的 4 脚呈高电位，NE555 振荡器仍继续振荡，但这时 C_1 的充电回路为：$V_{CC} \to R_1 \to R_2 \to R_3 \to C_1$，而放电回路仍为 $C_1 \to R_3 \to$ NE555 的 7 脚。此振荡信号从 NE555 的 3 脚输出经 C_3 耦合驱动扬声器发出"咚"的声音。

此时高电平的时间为：$\tau_1 = (R_1 + R_2 + R_3) \times C_1$

计算得出 $\tau_1 = 28.42 \times 10^{-5}$ s $= 284.2$ μs

振荡周期为：$T_{咚} = \tau_1 + \tau_2 = 323.4$ μs

振荡频率为：$f_{咚} = 1/T_{咚} = 3.09$ kHz

随着 C_4 通过 R_4 放电，C_4 上的电压即 NE555 的 4 脚电压逐渐变低，当降至 0.4 V 时，NE555 便处于强制复位状态，电路停振。可见 C_4 放电至 0.4 V 的时间也就是扬声器发出"咚"的时间。

电路整个工作过程为当按下按钮 S 时，扬声器发"叮"声，到松开按钮 S 后发"咚"声，实现了叮咚门铃的效果。

四、其他元件作用

C_3 的作用：在电路中，C_3 起到了交流信号耦合作用，将交流信号通过 C_3 传输至扬声器。

C_1 的作用：起到滤波抗干扰的作用。

VD_1、VD_2 的作用：通过二极管的单向导电性隔离其他元件。如果将 VD_1 换成导线，电源通过 R_1 对 C_4 充电，使 4 脚上的电压保持，会造成通电就有声音的故障。

如果将 VD_2 换成导线，C_4 上的电荷会通过 VD_1、R_2 放电，会造成"咚"声时间短暂甚至没有"咚"声。

【课堂练习】

1. 产生"叮"声时振荡元件由_____、_____、_____、_____组成；产生"咚"声时振荡元件由_____、_____、_____、_____组成。

2. 如果 C_1 变小，则振荡频率会变_____。
3. C_4 电容量变大会产生什么现象？_____。
4. C_4 上的电压由_____至 0.4 V 的时间也就是扬声器发出"_____"的时间。
5. 在电路中，C_3 起到了交流信号_____作用，将交流信号通过 C_3 传输至扬声器。

【评　价】

任务二　叮咚门铃电路的装配

【学习目标】

◆ 了解元件封装的含义。
◆ 掌握叮咚门铃电路的装配方法。

【电路 PCB 图识读】

一、元件封装

1. NE555 引脚及封装形式

引脚排列如图 6-7 所示，NE555 封装为 DIP-8，如图 6-8 所示。

2. 二极管 1N4001 封装

封装形式为 DIONE-0.4，如图 6-9 所示。

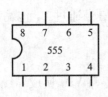
图 6-7　引脚排列

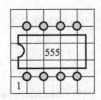
图 6-8　555 封装

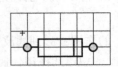
图 6-9　二极管封装

二、装配图识读与绘制

叮咚门铃 PCB 参考图如图 6-10 所示。

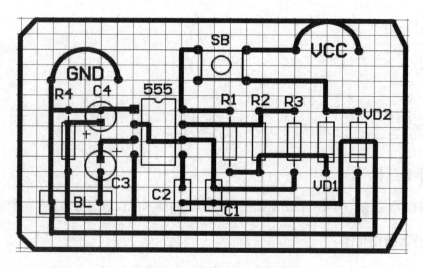

图 6-10　叮咚门铃 PCB 参考图

说明：
(1) 装配图以元件面为视图方向，要注意进行连线时图纸镜像问题。
(2) 扬声器采用外接方式，要留出两个连接点。
(3) 注意二极管、电解电容的极性。
(4) 注意轻触开关的 4 个脚哪两个是连通的，可用万用表检测出来。

【课堂练习】

1. 从图 6-8 的封装图看，双列直插式 IC 在万能板中所占位置为 4×4，可以知道 IC 引脚之间的距离为_____mm。

2. 在下面图纸中模仿图 6-10 画出叮咚门铃电路装配图，注意元件封装、极性以及元件之间的连接关系。

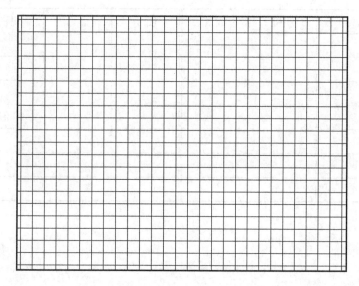

【评　价】

【电路装配】

一、准备工作

在电路装配之前，需要准备好必要的装配工具、检测的仪表、电路制作的材料。

二、挑选清点元件

根据电路所需挑选元件，列出清单，并核对元件的数量和规格，如有短缺、差错应及时补缺和更换。

【做中学】

1. 请写出需要准备的工具、仪器仪表、耗材有哪些？

（1）需要哪些工具？ _____

（2）需要哪些仪器仪表？ _____

（3）需要哪些耗材？

_____

2. 请根据电路需要，列出元件清单，并记录在表 6-4 中。

表 6-4　元件清单

代号	名称	规格	数量	代号	名称	规格	数量

【评　价】

三、检测元件

用数字万用表对元件进行检测并判断其好坏,对不符合质量要求的元件剔除并更换。

【做中学】

对已挑选的元件逐一进行检测,将检测情况记录在表6-5中。

表6-5　记录检测情况

元件名称	规格	测量挡位	实测数据或状态	判断质量好坏

【评　价】

四、装配

按装配图及元件插装工艺要求完成电路装配。
(1) 电阻采用卧式贴板安装,色环电阻注意标志方向要一致。
(2) 二极管采用卧式贴板安装,注意正负极性不要插反。
(3) 注意区分电解电容的极性,不要插反。
(4) 注意集成块不能插错。
(5) 布线应正确、平直、转角处成直角,焊接可靠,无漏焊、短路现象。

【做中学】

结合自己制作的电路,分析哪些符合工艺要求?哪些不符合工艺要求?不符合工艺要求的原因是什么?通过什么方法可以改进?将详细情况记录在下面:

_____
_____
_____
_____
_____

【评　价】

任务三　叮咚门铃电路的调试

【学习目标】

◆ 掌握数字示波器的使用。
◆ 初步掌握使用示波器测量波形的技能。
◆ 掌握电路调试的方法。

【电路通电前调试】

一、目测检查

【做中学】

将所检查的详细情况记录在下面：
_____
_____

【评　价】

二、万用表检测

【做中学】

将所检查的详细情况记录在下面：

项目六 叮咚门铃 111

【评 价】

【电路通电后调试】

一、调试要求和方法

将电源输出电压调至 5 V，并正确地接入电路，扬声器正确接入 NE555 的输出，如图 6-11 所示，正常情况下按下按键，应该发"叮"声，松开按键，发出"咚"声，过几秒后，声音停止。

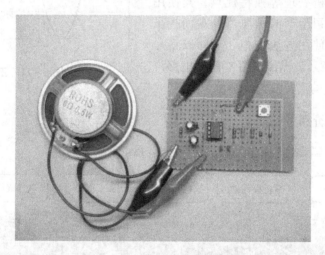

图 6-11 调试连线示意图

【做中学】

若电路功能正常后，测试 NE555 各个引脚电压，记录在表 6-6 中。

表 6-6　NE555 各引脚电压

引脚	电压/V		引脚	电压/V	
	按键未按	按键按下		按键未按	按键按下
1			5		
2			6		
3			7		
4			8		

【评　价】

二、用数字存储示波器测量"叮咚"波形

示波器是一种能将电信号转换为可以观察的视觉图形,是能够反映一个信号两个互相关联参数的 X-Y 坐标图形的显示仪器。如图 6-12 所示,可以将随时间变化的任意曲线形状直观形象地用图形表示出来,用示波器可以观测电路中任意点的波形,可以测量被测信号的电压、周期、频率、相位等参数。

示波器可分为两大类,模拟示波器和数字示波器。

数字示波器因具有波形触发、存储、显示、测量、波形数据分析处理等独特优点,其使用日益普及。不同公司生产的示波器外观面板虽然不同,但其基本使用方法类似。下面以型号 ADS2042C 为例介绍示波器测量叮咚门铃电路产生"叮"和"咚"的声音波形及参数识读。

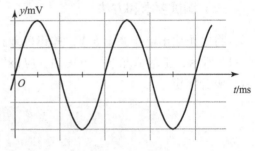

图 6-12　正弦波形

1. 示波器面板介绍

ADS2042C 数字存储示波器面板结构如图 6-13 所示。

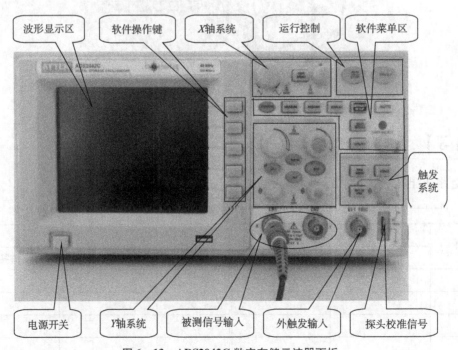

图 6-13　ADS2042C 数字存储示波器面板

2. 探头

探头如图 6-14 所示，用来探测被测信号，连接时探头信号端与电路被测点连接，鳄鱼夹与电路 GND 连接。

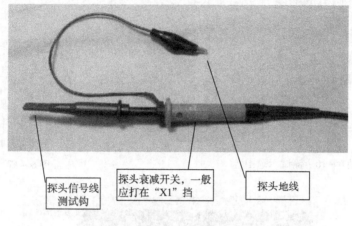

图 6-14 探头

3. 测量"叮"的波形

"叮咚"声音是从 NE555 的 3 脚经过 C_3 耦合输出到扬声器发出的，要测量"叮咚"声音信号波形，需在输出端用导线引出测试点，方便波形测量，如图 6-15 所示。

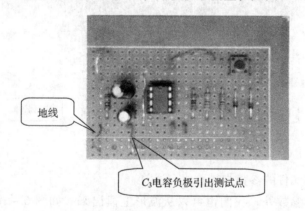

图 6-15 电源接口与测试端

测量时不接扬声器，电路通上 5 V 电源，探头信号线测试钩钩住测试点，鳄鱼夹接地线，如图 6-16 所示。

打开示波器电源开关，进入主界面后等待一会进入波形显示状态，要测量"叮"的声音波形，需要一直按下 S 按钮，3 脚才会输出"叮"的波形。按下 AUTO 自动键，如图 6-17 所示；这时在波形显示区会出现"叮"声音的波形，如图 6-18 所示。

利用"AUTO"键可以快捷、方便地测得波形，且数字示波器还能直接识读相关的参数，如图 6-18 所示，测量出"叮"的波形频率为 4.9 kHz，这与前面我们计算得出的数据

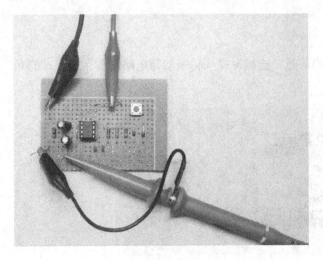

图 6-16 测试示意图

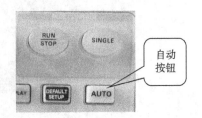

图 6-17 自动测试按钮

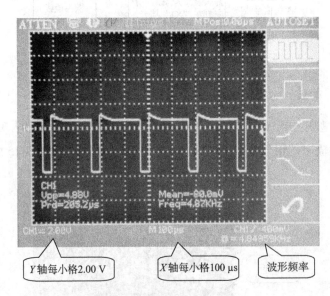

图 6-18 实测"叮"波形

有误差,原因是实物元件的参数与标称值有误差。

除了直接读波形参数外,我们也可以从波形上读出来,如图 6-18 所示,X 轴表示时间,每小格 100 μs(也可写成 100 μs/div),一个周期(即一个高电平和一个低电平的时间)即约为 205 μs,频率是周期的倒数,通过计算可以得出;Y 轴表示信号幅度,每小格 2.00 V,峰峰值 V_{pp}(最高点至最低点)约为 4.88 V。

如果想改变波形以便于读数,可以调节 X 轴和 Y 轴系统来改变。留意每小格数据的变化。

4. 测量"咚"的波形

电路发出"咚"的声音是按下 S 松开后一段时间,因为时间短暂,示波器很难探测到信号,因此测量"咚"的波形时需将电路的 4 脚与电源 V_{CC} 连接一起,使电路通电即工作,并发出"咚"声,测量方法同上,测量后得到的波形如图 6-19 所示,由图可知,实物中"咚"的声音波形频率约为 3 kHz。

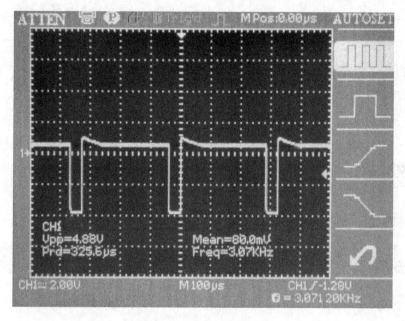

图 6-19 实测"咚"波形

【做中学】

按照以上的方法和步骤使用数字存储示波器测量电路发出"叮"和"咚"的声音波形,并在以下图纸中依照波形绘制出来(至少两个周期),同时读出相关参数。

1. "叮"的波形和参数:

量程:X:_____/div
Y:_____/div _____
周期:_____
频率:_____
V_{PP}:_____(指电压峰峰值)

2. "咚"的波形和参数:

量程:X:_____/div _____
Y:_____/div _____
周期:_____
频率:_____
V_{PP}:_____(指电压峰峰值)

3. 写出使用数字示波器测量波形的步骤。

_____
_____
_____

【评　价】

【故障案例分析】

一、故障现象：按下 S 后，扬声器不发声

1. 故障分析

对此故障，可将电路分成电源、振荡、驱动等几个模块进行检查。

2. 检查过程

第一步：检查元件连接是否正确。根据电路原理图 6-1，仔细检查元器件的电气连接关系是否正确。举例说明：以 NE555 为核心，比如检查 2、6 脚应该相连并且应该与 R_3 一端、C_1 一端连接，否则说明导线连接有问题；NE555 的第 7 脚应该与 R_2 和 R_3 相连的点连接，否则，连接有问题。通过这样的检查，就能够检查整个电路的电气连接关系是否符合电原理图中的电气关系。

第二步：测量 NE555 的电压值，本电路中按下按键后，4 脚必须有大于 0.4 V 的电压，8 脚电压为电源电压等，这些电压正常后，可以检查 C_1 容量是否合适，检查 C_3、扬声器是否正常，这些元件均可用万用表的电阻挡、电容挡检测，对于有问题的元件换掉即可。

对于初学者，电路接线的问题多，重点应该检查元件间的电气连接。

二、故障现象：松开 S 后，没有"咚"声

1. 故障分析

根据原理，能够产生"叮"声，说明振荡电路基本正常，没有产生"咚"声，说明有关"咚"声的电路出现问题。通过原理图分析，产生"咚"声的元件除了与产生"叮"声的元件相同元件外的元件是 R_1 和 R_4、C_4，如 R_1 没有接到电源端或没有接到 R_2 一端，则电路不会振荡，当然不会产生声音；如果 C_4 没有接入电路，则当按键弹起时，NE555 的 4 脚电压迅速变为 0 V，NE555 停止工作，不会产生声音。如果 R_4 电阻很小，当按键弹起时，NE555 的 4 脚电压由于 R_4 很小，迅速放电至 0 V，NE555 停止工作，不会产生声音。

2. 检查过程

根据工作分析，只有 3 种情况才会产生故障。首先用目测方法检测 R_1、R_4、C_4 元件是否接好，电阻值和电容值是否合适。没有错误后就可以测量电压了。松开按键 S，测量 R_1、R_2 相连处，应该有电压（不能为 0 V）；如果没有，则检测 R_1 是否变大等。按下按键 S，同时测量 NE555 第 4 脚电压，应该为 5 V。松开 S，观察 4 脚电压是否马上变"0" V，如果是，检查 C_4 是否接到 4 脚或是否无容量。通过这些检测可以找出故障点。

【做中学】

1. 记录电路出现了什么故障？并尝试分析原因。

   故障现象：_____

   最终在哪里找出问题：_____

   分析这个问题为什么会导致这样的故障现象？

   _____

   _____

【评　价】

训练与巩固

一、填空题

1. DIP 直列式 IC 引脚规律是_____。
2. NE555 芯片的电源端为第_____脚，接地端为_____脚，复位端为_____脚。
3. 如果 NE555 第 7 脚未接入电路中，则第_____脚没有_____输出。
4. R_4 电阻变小时，"咚"的时间会变_____。
5. 测出扬声器的电阻值_____，读出额定阻抗_____、额定功率_____。

二、单项选择题

1. NE555 在下列哪种情况下不能工作？（　　）
   ①电源电压未加上　　　　　　　　②第 5 脚未接电容
   ③第 4 脚电压大于 0.4 V　　　　　④第 3 脚未接电解电容
2. 电路中的 R_4、C_4 的作用是（　　）
   ①产生"咚"声音振荡频率　　　　②没有作用
   ③实际是维持"咚"声音的时间　　④产生"叮"声音振荡频率
3. 影响输出音频频率除了 C_1，还有（　　）。

①R_1、R_2、R_3　　　　②R_4、C_4　　　　③IC、C_2　　　　④C_3、BL

4. C_3 在电路的作用是（　　）。

①振荡　　　　　　②耦合　　　　　　③定时　　　　　　④去除干扰

5. 如果 VD_1 击穿，电路会产生（　　）故障。

①按下按键没有声音　　　　　　　　②不会有故障

③不按按键也会发声　　　　　　　　④只有"叮"声

三、判断题（正确的打"√"，错误的打"×"）

1. NE555 与 LM555 的功能一致，生产公司不同。（　　）
2. NE555 的第 2、6 脚电压低于 2/3 V_{CC}，第 3 脚电压为低电压。（　　）
3. 测量扬声器的电阻值为∞，说明扬声器内部线圈断了。（　　）
4. C_1 是定时电容，当电容量变大后，扬声器发出的声调会变尖。（　　）
5. VD_1、VD_2 在电路中起到隔离作用。（　　）

四、简述题

1. 绘出叮咚门铃电路原理图，要求元件符号准确，代号清楚，标出标称值，比例合适。
2. 简述叮咚门铃工作原理。
3. 结合自己调试的过程，写出调试步骤。
4. 结合自己制作的电路，举例分析哪些符合工艺要求，哪些不符合工艺要求？
5. 使用网络查一下 555 时基集成块有哪些型号？如有，标出型号。
6. 使用网络查一下叮咚门铃电路并画出来。
7. 到市场上了解一下各种元件的价格，编出元件采购清单。
8. 编一份叮咚门铃的说明书（字数不限，但要能够将功能叙述清楚）。
9. 写一份学习心得体会（至少 120 字）。

项目七 电子生日蜡烛

【情景描述】

我的生日到了,朋友们送上一个漂亮的生日蛋糕,关上所有灯,点上蜡烛,唱生日歌,许愿,吹蜡烛……多么温馨的场景。这次我们制作的作品就是要模拟生日蜡烛的功能,是不是很好奇呢?下面我们开始制作电子生日蜡烛,大家可以发挥自己的想法和创意,设计作品的外观结构及装饰风格,也为自己的亲朋好友送去一份祝福!

【任务分解】

➢ 任务一　电子生日蜡烛电路识图
➢ 任务二　电子生日蜡烛电路的装配
➢ 任务三　电路的调试与外观设计

任务一　电子生日蜡烛电路识图

【学习目标】

◆ 掌握热敏电阻的相关知识。
◆ 掌握驻极体话筒的相关知识。
◆ 掌握电子生日蜡烛电路的原理。

要实现电子生日蜡烛的功能,即要实现点火、烛光、吹灭烛光的功能。那如何实现点火和吹灭的功能呢?点火就需要能够感受温度的器件,吹灭就需要能感受声音的器件。下面认识一下这两个器件。

【认识新元件】

一、热敏电阻

1. 热敏电阻的定义、文字符号、元件实物及电路符号

热敏电阻是敏感元件的一类,典型特点是对温度敏感,不同的温度下表现出不同的电阻值,阻值会随温度的变化而变化。在电路中用文字符号"R_T"表示,元件实物及其符号表示如图 7-1 所示。

2. 热敏电阻的类型

热敏电阻按温度变化特性分为两种类型:负温度系数的热敏电阻(NTC)和正温度系数的热敏电阻(PTC)。在本项目中采用的是负温度系数的热敏电阻,主要特点是阻值会随温度的上升而减小,即温度越高,阻值越小。

图 7-1 热敏电阻电路符号与实物图

3. 热敏电阻的测量

根据负温度系数热敏电阻的特性,可得出热敏电阻的简单检测方法,过程如下:

第一步:常温检测。

根据热敏电阻的标称阻值选择合适的电阻挡可直接测出 R_T 的实际值,并与标称阻值相对比,二者相差在 ±2 Ω 内即为正常。实际阻值若与标称阻值相差过大,则说明其性能不良或已损坏。

第二步:加温检测。

在常温测试正常的基础上,即可进行第二步测试——加温检测,用电烙铁作热源,靠近热敏电阻对其加热,同时用万用表监测其电阻值是否随温度的升高而减小,如是,说明热敏电阻正常,若阻值无变化,说明其性能变劣,不能继续使用。

因 NTC 热敏电阻对温度很敏感,故测试时应注意以下几点:

(1)热敏电阻是生产厂家在环境温度为 25 ℃ 时所测得的,所以用万用表测量标称值时,亦应在环境温度接近 25 ℃ 时进行,以保证测试的可信度。

(2)测试时,不要用手捏住热敏电阻体,以防止人体温度对测试产生影响。

【课堂练习】

1. 热敏电阻是能感受_____的器件,在电路中用_____文字符号表示。
2. 热敏电阻按温度变化特性可分为_____热敏电阻和_____热敏电阻。
3. 负温度系数热敏电阻的特点是随着温度的上升,其阻值会_____,即热敏电阻的阻值与温度成_____关系。
4. 负温度系数热敏电阻检测时包括_____检测和_____检测。

5. 测量负温度系数热敏电阻时应该注意_____。

【评　价】

二、驻极体话筒

1. 驻极体话筒实物及电路符号

驻极体话筒实物及电路符号如图 7-2 所示。

驻极体话筒能将声音信号转换为电信号，具有体积小、结构简单、电声性能好、价格低的特点，广泛用于盒式录音机、无线话筒及声控等电路中，属于最常用的电容话筒，工作时需要直流工作电压。

驻极体话筒引出端分为两端式和三端式两种，常使用的是两端式，如图 7-3 所示，S 或 D 端为信号输出端。

图 7-2　驻极体话筒实物与电路符号

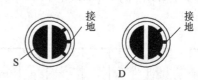

图 7-3　接线端

2. 驻极体话筒的测量

驻极体话筒可以用数字表测量电阻的方法进行简单检测和判断。

首先测量两端的固定阻值，将万用表调到电阻 20 kΩ 挡，红表笔接信号端，黑表笔接地端，测得阻值为 1.5 kΩ 左右。然后对驻极体受话面吹气，阻值应有变化，如图 7-4 所示，说明驻极体话筒基本良好，可以使用。

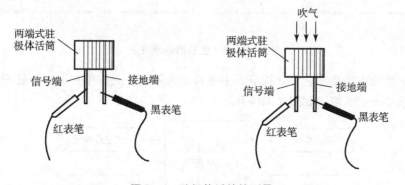

图 7-4　驻极体话筒的测量

【做中学】

1. 驻极体话筒电路符号为_____。

2. 话筒图 ⬤ 右边黑影应该接_____，左边黑影应该接_____。

3. 实际测量驻极体话筒时可以将万用表挡位置于_____，红表笔接_____，黑表笔接_____，正常电阻值为_____左右。对驻极体受话面吹气，_____应有变化。

【评　价】

【电路原理】

电子生日蜡烛原理图如图7-5所示。

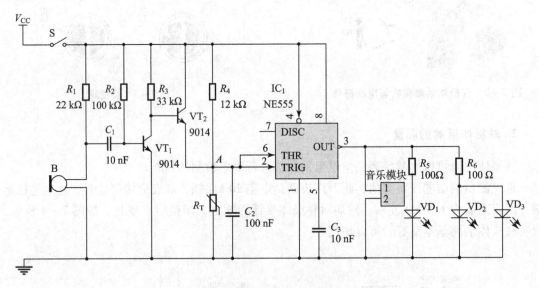

图7-5　电子生日蜡烛原理图

电子生日蜡烛由几个功能单元构成，主要有点火单元、灭灯单元、核心处理单元、蜡烛灯单元及音乐单元，方框图如图7-6所示。

图7-6　电子生日蜡烛方框图

一、点火单元

点火单元主要由 R_4 和 R_T 组成,如图 7-7 所示,R_T 是热敏电阻,标称值为 10 kΩ,前面已经介绍过,负温度系数热敏电阻遇热电阻值变小,从而改变 A 点的电压,使 A 点电压变低。当热源离开后,阻值会逐步恢复,电压升高。由于 A 点电压输入至由 NE555 构成的核心处理单元的 2、6 脚,为使点火后在没有吹灭之前,蜡烛灯能一直亮,就要控制 A 点电压上升不能超过 2/3 V_{CC},否则灯会自动熄灭。因此,R_4 电阻的取值很关键,根据选取的热敏电阻标称值,R_4 取 12 kΩ。

二、灭灯单元

灭灯单元电路组成如图 7-8 所示,R_1 和驻极体话筒 B 串联组成声音信号接收电路,话筒接收到声音信号后经 C_1 耦合至 VT_1 的基极。R_1 给驻极体话筒提供合适的直流电流,使驻极体话筒正常工作。

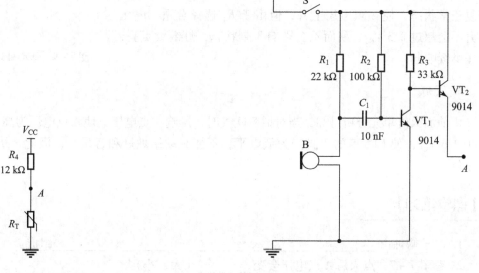

图 7-7　点火单元电路　　　　　　　　图 7-8　灭灯单元电路

VT_1、R_2 及 R_3 组成三极管控制电路,通过 R_2、R_3 的合理设置,使三极管进入饱和状态。在没有接收到声音信号时,三极管 VT_1 因为处于饱和状态,其集电极输出电压为 0 V,使得 VT_2 三极管处于截止状态,A 点电压仅受热敏电阻 R_T 影响。

当话筒接收到信号时,话筒信号是交流电压信号,信号很弱,只有零点几毫伏,信号的正半周电压与 VT_1 基极电压叠加,使 VT_1 处于更加饱和的状态,对 A 点电压无影响。当信号的负半周电压与 VT_1 基极电压叠加时,使基极电压降低,VT_1 退出饱和状态,处于放大或截止状态,这样 VT_1 的集电极电压上升,使得 VT_2 导通,电源电压 V_{CC} 经 VT_2 的 ce 极进入 A 点,A 点瞬间为高电平,输入至 NE555 的 2、6 脚进行触发。

三、核心处理单元

核心处理单元主要由 NE555 为核心构成，如图 7-9 所示，主要处理点火和灭灯的信号。根据 NE555 的逻辑关系将处理过程分析如下。

1. 无火源

无火源，即当热敏电阻没有受热时，由前面点火单元分析可知 R_4 和热敏电阻 R_T 串联分压使得 A 点电压小于 $2/3\ V_{CC}$，但大于 $1/3\ V_{CC}$，因此 NE555 的 3 脚输出低电平，不能驱动蜡烛灯和音乐片。

2. 点火

点火之后，热敏电阻受热阻值迅速下降，A 点电压瞬间为低电平，小于 $1/3\ V_{CC}$，触发 NE555，使得 3 脚输出高电平，驱动蜡烛灯点亮和音乐响起。热源消除后，热敏电阻的阻值逐步恢复正常状态，使 A 点电压上升，但由于 R_4 选择合适，电压上升不会超过 $2/3\ V_{CC}$，从而不会影响 3 脚状态，灯继续点亮，音乐继续响起。

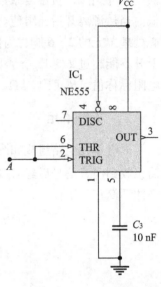

图 7-9 核心处理单元图

3. 灭灯

由前面灭灯单元分析可知，当对话筒吹气时，影响 A 点电压，使 A 点电压为高电平，即大于 $2/3\ V_{CC}$，使 NE555 的 3 脚变为低电平，不能驱动蜡烛灯和音乐片，因此，蜡烛灯灭，音乐停。

【课堂练习】

1. 电子蜡烛由＿＿＿＿、＿＿＿＿、＿＿＿＿、＿＿＿＿、＿＿＿＿组成。
2. 看图 7-7，点火后 A 点电压会变＿＿＿＿（大、小）。
3. 图 7-8 中 VT_1 处于＿＿＿＿状态，R_1 的作用＿＿＿＿。当人对话筒吹气时，VT_1 会由＿＿＿＿状态变化为＿＿＿＿。
4. 在未点火时，NE555 电路输入电压应该为＿＿＿＿，输出为＿＿＿＿电平；点火时，NE555 电路输入电压应该为＿＿＿＿，输出为＿＿＿＿电平；点火一段时间后，NE555 电路输入电压应该为＿＿＿＿，输出为＿＿＿＿电平。

【评　价】

【PCB 图的识读与绘制】

电路的 PCB 图如图 7-10 所示，考虑到电路与结构设计的需要，电路中部分元件需要外接，这里使用插排与插座作为元件接口，将元件与两芯排线连接，再插入插座与电路连接。具体接口接哪些元件如图 7-10 所示。

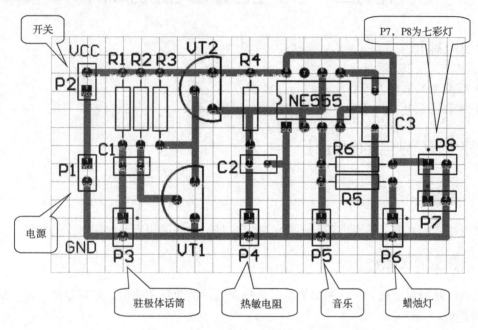

图 7-10　电子生日蜡烛 PCB 图

【做中学】

在以下图纸中仿画出电子生日蜡烛电路装配图，仿画过程中，注意元件封装、极性以及元件之间的连接关系。

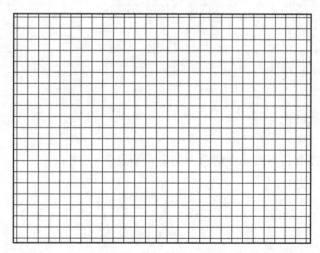

【评　价】

任务二　电子生日蜡烛电路的装配

【学习目标】

◆ 掌握电路装配流程。
◆ 掌握音乐片、蜡烛灯、七彩灯与插排线接线方法。

【电子生日蜡烛电路的装配】

一、准备工作

在电路装配之前，需要准备好必要的装配工具、检测的仪表及电路制作的材料。

二、挑选清点元件

根据电路所需挑选元件，列出清单，并核对元件的数量和规格，如有短缺、差错应及时补缺和更换。

三、检测元件

用数字万用表对元件进行检测并判断其好坏，对不符合质量要求的元件剔除并更换。

【做中学】

1. 请写出需要准备的工具、仪器仪表、耗材有哪些？
(1) 需要哪些工具？

(2) 需要哪些仪器仪表？

(3) 需要哪些耗材？

2. 请根据电路需要，列出元件清单，并记录于表7-1中。

表7-1 元件清单

代号	名称	规格	数量	代号	名称	规格	数量

3. 对已挑选的元件逐一进行检测,将检测情况记录在表7-2中。

表7-2 记录检测情况

元件名称	规格	测量挡位	实测数据或状态	判断质量好坏

【评　价】

四、装配

按PCB图及元件插装工艺要求完成电路装配。
(1) 电阻采用卧式贴板安装,色环电阻注意标示方向要一致。

（2）注意区分三极管的极性及插装位置。
（3）注意装配图纸镜像之后的连接关系。
（4）电路中部分元件需要与结构配合，所以元件与电路连接使用两芯插座，并通过两芯排线与电路连接，如图 7-11 所示。

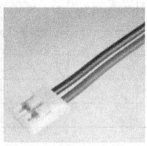

图 7-11　插座与插线

（5）布线应正确、平直、转角处成直角，焊接可靠，无漏焊、短路现象。
（6）蜡烛灯、热敏电阻的预装配。

下面以蜡烛灯（Φ10 黄色高亮发光管）为例说明两芯排线与外接元件的制作过程。如图 7-12 为 Φ10 黄色发光高亮管。

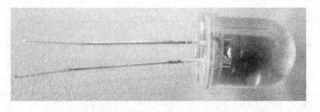

图 7-12　蜡烛灯（发光二极管）

剪裁好热缩管，热缩管遇热会收缩，主要作用是起到绝缘的作用。将热缩管套入两芯线，两芯线与蜡烛灯两脚焊接好，焊接时注意区分元件引脚正负极，红线接正极，黑线接负极，主要是为了连接电路时容易分辨，如图 7-13 所示。

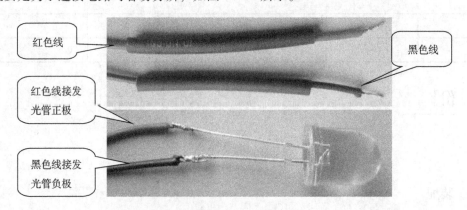

图 7-13　灯的接线图

将热缩管移至导线与元件连接处，用打火机烧烤热缩管，注意不要烧到线，这时热缩管会缩小，冷却后就固定到连接处了，如图7-14所示。

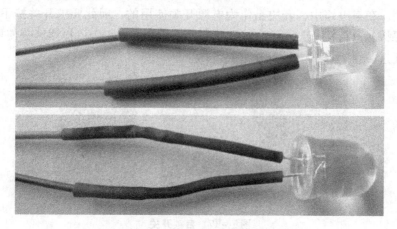

图7-14　热缩管的使用

按照同样的方法可以将热敏电阻、七彩灯（带集成块的三色发光二极管）制作好，如图7-15所示。热敏电阻没有正负极，因此不需要分红线和黑线。

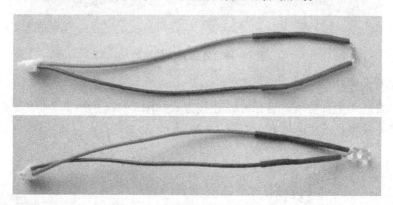

图7-15　热敏电阻与七彩灯的连线

（7）驻极体话筒装接。

驻极体话筒有两端，一端为信号端，一端为接地端，直接用两芯排线与两端相接，排线的红线接信号端，黑线接地端，如图7-16所示。

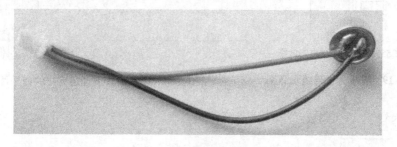

图7-16　话筒的连线

(8) 开关的装接。

电路采用的是自锁式开关,如图7-17所示,这种开关有两组,一排即为一组,每组设为常开或常闭。在本电路中,开关是作为电源开关使用的,因此要求开关按下后,开关闭合,电路电源接通;再按一次,开关弹起,电源断开。用万用表可检测区分使用哪两个脚,两组开关可任选一组。

图7-17 自锁开关

用排线与开关两端连接好,如图7-18所示。

图7-18 自锁开关的接线

(9) 音乐片的连接。

这里采用的是"生日快乐"音乐片,连接方式如图7-19所示。

按照连接关系将音乐片连接好,如图7-20所示。

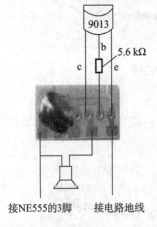 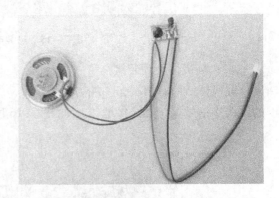

图7-19 音乐片的连线示意图　　　图7-20 连接完成的音乐片与扬声器

【课堂练习】

1. PCB绘制时,增加了P1~P6的插座,目的是_____。

2. 热缩管在装接中的作用是_____。
3. 两芯排线与元件相接时，_____线一般接信号、电源正端，_____线接地端。

【评　价】

任务三　电路的调试与外观设计

【学习目标】

◆ 掌握电路调试的要求和方法。
◆ 了解电路简单故障的分析和排除方法。
◆ 初步了解电子产品的外观设计原则。

【电路通电前调试】

一、目测检查

【课堂练习】

将所检查的详细情况记录在下面：
_____
_____

二、万用表检测

【课堂练习】

将所检查的详细情况记录在下面：
_____
_____

【电路通电后调试】

1. 点火单元调试

将 NE555 芯片正确插入芯片插座中，电源输出电压调至 5 V，正确与电路连接，蜡烛灯、七彩灯正确接入电路接口，用镊子将热敏电阻插口 P4 两脚短接，蜡烛灯和七彩灯应该立刻点亮。将热敏电阻正确接入电路接口，用电烙铁作为热源，接触热敏电阻体后，灯应点亮并保持。

通过调试，表明点火单元电路正常。

如果在调试中出现用镊子短路灯不亮、加热热敏电阻灯不亮或亮一段时间就自动熄灭，均是出现了故障，需要维修。

【做中学】

第一步：将蜡烛灯、七彩灯正确接入电路接口_____、_____，将电源电压调至_____V，用万用表的_____挡，测量 NE555 的 8、4 脚电压，正常时应该为_____V，如果没有就要检查电源输入到 8、4 脚的连线。

第二步：如果电压正常，测量 2、6 脚电压_____V，3 脚电压为_____V。用镊子将热敏电阻插口 P4 两脚_____，这时测量 2、6 脚电压_____V，3 脚电压为_____V，灯_____。

第三步：去除镊子，将_____插入 P4 口，测量 2、6 脚电压_____V，应该_____1/3 V_{CC}，_____2/3 V_{CC}，3 脚电压为_____V。

第四步：对热敏电阻加热，同时测量 2、6 脚电压为_____V，3 脚电压为_____V；等热敏电阻温度下降后，测量 2、6 脚电压为_____V，3 脚电压为_____V；这时灯_____。

通过调试，表明点火电路正常。

【评　价】

2. 灭灯单元调试

加热将灯点亮，用镊子将灭灯单元电路中三极管 VT_1 的 b 极和 e 极短路，灯应该熄灭。将驻极体话筒正确接入电路接口，点亮蜡烛后靠近话筒吹气，蜡烛灯应能熄灭。

如果将 VT_1 的 b、e 极短路灯不熄灭或接入话筒后吹不灭，表明电路有故障，需要维修。

【做中学】

第一步：将热敏电阻插上，电源接好。对热敏电阻加热使灯点亮。

第二步：测量 VT_2 的 b 极电压_____V，e 极电压_____V，用镊子将 VT_1 的 b 极与 e 极短路，注意这时 VT_2 的 b 极电压_____V，e 极电压_____V，VT_2 的 e 极与 NE555 的_____脚相连，所以这时 NE555 的 3 脚为_____电平，灯_____。

第三步：去除镊子，将话筒插入到_____插口，对准_____吹气，同时测量 VT_1 的 c 极，电压会变_____，所以 NE555 的 3 脚为_____电平，灯_____。

通过调试，表明点火电路正常。

【评　价】

3. 音乐单元调试

将电源输出调到 3 V，接到已做好的音乐片的电源输入端，检查连接好的音乐片，正常时应该响起"生日快乐歌"。

4. 整机调试

将所有元件插到电路板上，对热敏电阻加热，灯亮、音乐响起，直到对话筒吹气，灯熄灭，音乐关毕。电路调试完毕。

【故障案例分析】

一、故障现象：点火之后，蜡烛灯不亮，音乐不响

1. 故障分析

根据原理分析，这个故障部位在于点火控制电路。正常情况，等待状态时，NE555 的输入脚 2、6 的电压处在 $1/3\ V_{CC} \sim 2/3\ V_{CC}$ 之间，当火源对热敏电阻加热后，2、6 脚的电压下降低于 $1/3\ V_{CC}$，NE555 的第 3 脚电压升高，驱动灯亮、音乐响起。现在出现的故障表明，可能是：

①热敏电阻加热电阻没有变小；
②图 7-7 中 A 点电压没有变小；
③NE555 在 2、6 脚电压变小的情况下第 3 脚没有变化；
④3 脚有电压但没有加到灯和音乐片上。
这四种情况造成本次故障。

2. 检修过程

检修过程就是排除可能出现故障的部位。可以通过测量关键点电压的方法，分析可以排除哪一条。

（1）测量 A 点（即 NE555 的 2、6 脚）电压。热敏电阻加热后，电压能够低于 $1/3\ V_{CC}$，说明 2、6 脚之前（原理图 7-5 从左至右看，左为前）正常，所以故障排除了①和②两种情况，这时就可以重点检查③和④两种情况。

如测量 3 脚电压正常，说明故障是④，重点检查 3 脚到灯和音乐片之间的连线和元件，包括灯、音乐片插错、损坏等，只要通过简单的测量就可判断。

如果测量 3 脚电压不正常，情况属于③，应该是 NE555 损坏了，换上新元件试试即可。

(2) 测量 A 点电压不正常，故障就出现在①和②，对于①，通过测量热敏电阻即可判断好坏，对情况②，第一种可能是 VT_2 的 c、e 击穿或 NE555 的 2、6 脚与电源脚 4 或 8 脚击穿，这时通过电阻法测量 VT_2 的 c、e 之间的电阻值和 2、6 脚与 4、8 脚之间的电阻值，如果很小或为 0 Ω，说明 VT_2 或 NE555 已经坏了，将坏元件换掉即可；第二种可能是热敏电阻没有接到电路中，测量热敏电阻的非地端与 A 点的电阻值应该为 0 Ω，另一端应该与地线相连，否则没有连接上，将其连接即可。

3. 维修结果

将损坏元件换掉，将断开的导线接上。

二、故障现象：点火之后，蜡烛灯能亮，音乐能响，但不能吹灭

1. 故障分析

根据电路原理，故障在灭灯电路。灭灯电路由话筒电路、信号放大电路和控制电路组成，如图 7-8 所示，其中 VT_1 使信号放大，VT_2 是控制电路。可以通过外加信号法检查，使 VT_1 的 c 极电压由低电平变为高电平，检查 VT_1 的 c 极之后的电路是否正常的方式判断故障部位。

2. 故障检修

用万用表测量 VT_1 的 b 极和 c 极电压，如果 c 极电压为低电平，用镊子将 b、e 极短路，测量 c 极电压是否变为高电平，再看看灯是否会灭。

①如果会，说明故障在话筒电路和信号放大电路；

②如果不会，故障在信号放大电路和控制电路。

(1) 对于①，测量 c 极电压，对话筒吹气，c 极电压应该瞬间变大。如果不会，检测 C_1、话筒 B 是否接好，仔细检查能够找出故障点。

(2) 对于②，分别测量 VT_2 的 b、e 极对地电压，用镊子短路 VT_1 的 b、e 极，如果 VT_2 的 b 极电压会升高，e 没有变化，则 VT_2 坏。

3. 检修结果

将坏元件换掉即可。

【做中学】

1. 记录电路出现了什么故障？并尝试分析原因。

故障现象：_____

最终在哪里找出问题：_____

分析这个问题为什么会导致这样的故障现象？

_____

【评　价】

【产品设计方法】

电子产品的形成，基本上分为两个阶段：设计与生产。

一、认识设计对象

电子产品设计，不论完全自行开发，还是功能仿制，都要弄清楚要做的是一个什么样的产品，是以软件为主还是以硬件为主，产品的使用环境与结构有无特殊要求，主要难点是什么。

1. 完全仿制

完全仿制是指有现成的样品，包括整机、部件和软件清单。

2. 功能性仿制

功能性仿制是指设计人员知道某种产品的用途和主要技术性能，但没有产品的样品，或者有样品而不能或不敢拆卸。

3. 新产品开发

新产品开发是指根据市场或者客户的需要，确定产品的功能和技术指标，对电路、机械结构和软件进行设计。

二、设计注意事项

1. 注意做好方案和解决关键问题

方案设计时，对方案的可行性、关键技术、关键元件，要做认真的分析，为开发设计工作提供依据和重点注意事项。电子产品的设计，特别是大规模的电子产品，如果方案设计不周密或者有错误，就会造成人力、物资、经费、时间的损失。

2. 设计稳定可靠的产品

软件、硬件设计，不仅是要实现产品所需要的技术指标和功能，还必须做到稳定可靠。其包括以下 4 个方面的内容：

（1）电路结构与布局正确、合理。

（2）器件参数选取有一定余量，使电路工作范围有一定的富裕度。

（3）有噪声抑制和抗干扰的措施。

（4）技术指标要留有余地，也就是说产品实际的技术性能必须优于标称的技术性能指标。

3. 设计必须以实验确认

在产品设计完成之后，对设计的电路要进行组装和通电调试，以检验和修正所设计的电路结构参数，这是保证产品设计正确性的重要实践环节，是非常有必要的。

通过实验来检验设计的结果，调整和确定各元器件的参数值，并对元器件的误差提出要求，以满足设计容限的要求。

4. 根据条件决定设计

（1）产品设计时，所需要的元器件和材料的来源是否有保障，采购是否方便，价格能否接受。所以，设计人员必须根据可能的情况去选用元器件和材料。

（2）加工有没有难以解决的特殊工艺要求，其工艺所需要的经费对于设计的产品是否值得。

5. 优化设计、降低产品成本

产品设计时，在完成所需要的功能、技术指标、满足稳定可靠前提下，尽量简化结构、降低成本。

6. 外形美观，结构轻便

结构、造型应当尽量小巧、轻便、美观，与所用系统或环境协调。

7. 充分考虑生产和维修

设计中要充分考虑产品的生产管理、加工工艺、维修工作。

【电子生日蜡烛外观设计原则】

（1）结构简单、美观、合理，创意符合电路功能。
（2）点火装置安装不影响结构外观，安全可靠，绝不能引起火灾。
（3）灭灯装置安装合理，实现功能简单可靠。
（4）电源开关、电池安装操作方便。
（5）维护、维修便利，维修工作应不破坏结构。

训练与巩固

一、填空题

1. 热敏电阻标称值是生产厂家在环境温度为_____℃时所测得的，所以在实际测量时，_____温度不同时，电阻值会相差较大。

2. 驻极体话筒是_____传感器，热敏电阻是_____传感器。

3. 声音放大电路中 C_1 的作用是将声音信号_____放大器，VT_2 在电路中的作用是作为_____。

4. 电子产品设计的形式有 3 种，即：_____，_____，_____。

5. 电子产品的形成，基本上分为两个阶段：_____与_____。

二、单项选择题

1. 热敏电阻是能感受（　　）的器件。
①光　　　　　②温度　　　　　③湿度　　　　　④声音

2. 热敏电阻在电路中用（　　）符号表示。
①　　　　　②　　　　　③　　　　　④

3. 驻极体话筒是（　　）。
①电阻元件　　②声音传感器　　③电容元件　　④电感元件

4. 声音放大电路中 C_1 开路产生的故障是（　　）。
①对声音的灵敏度下降　　　　②对声音的灵敏度增加
③对声音无反应　　　　　　　④对光线亮暗无反应

5. 驻极体话筒检测时可以用万用表的（　　）测量。
①直流电压挡　　②直流电流挡　　③电阻挡　　④交流电压挡

三、判断题（正确的打"√"，错误的打"×"）

1. NTC 是指正温度系数的电阻。（　　）
2. 音乐片的供电是由 NE555 第 3 脚输出提供的。（　　）
3. 看图 7–10，将音乐片插入 P8 插座上，功能也能够实现。（　　）
4. 电子生日蜡烛外观设计不必考虑维护工作。（　　）
5. 设计中要充分考虑产品的生产管理、加工工艺、维修工作。（　　）

四、简述题

1. 绘出电子生日蜡烛电路原理图，要求元件符号准确，代号清楚，标出标称值，比例合适。
2. 简述电子生日蜡烛电路原理。
3. 结合自己的调试过程，写出调试步骤。想一想还有什么调试步骤能够又好又快地把电路调试好？
4. 使用网络查一下电子蜡烛的产品功能。
5. 使用网络了解一下各种元件的价格，编一份元件采购清单。
6. 查阅各种电子书刊、杂志，抄一份有趣的电路，试着做一做。
7. 编一份电子生日蜡烛的说明书（字数不限，但要能够将功能叙述清楚）。
8. 写一份学习心得体会（至少 150 字）。

项目八

使用 Protel DXP 2004 绘图

【情景描述】

到目前为止,我们已经认识了一些常用的电子元件,也利用这些元件制作了一些电路,在过程中学习了如何识读原理图和 PCB 图,那么电路原理图及 PCB 图是如何绘制出来的呢?本项目将学习如何绘制简单的原理图和 PCB 图,掌握 Protel DXP 2004 制图软件的基础知识。

【任务分解】

- ➢ 任务一 文件建立与管理
- ➢ 任务二 绘制电路原理图
- ➢ 任务三 绘制原理图新元件
- ➢ 任务四 绘制 PCB 图
- ➢ 任务五 综合训练

任务一 文件建立与管理

【学习目标】

- ◆ 项目文件的建立与管理。
- ◆ 原理图文件及 PCB 文件的建立与管理。

Protel DXP 2004 是一款功能强大、简单易学的印制电路板(PCB)设计软件,它将常用的设计工具集成于一身,可以实现从最初的项目模块规划到最终的生产加工文件形成的整个设计过程,是目前国内流行的电子设计自动化软件。

学习 PCB 绘图的最终目的是完成印制电路电路板的设计，PCB 设计流程主要如下。

1. 设计原理图

利用 Protel DXP 2004 提供的各种原理图设计工具和各种编辑功能，完成原理图的设计工作。

2. PCB 设计

利用 Protel DXP 2004 提供的各种 PCB 设计工具和各种编辑功能，合理地进行布局，并进行 PCB 布线，实现 PCB 设计。

【打开 Protel DXP 2004 软件】

在电脑桌面上双击 Protel DXP 2004 软件图标，打开 Protel 软件，如图 8-1 所示。

图 8-1　打开 Protel 软件

★ 提示：

再次打开"Protel DXP 2004"，默认会出现上一次打开的文件。

【新建项目与设计文件】

在项目设计中，通常将同一个项目的所有文件都保存在同一个项目设计文件中，以便于文件管理。软件打开后，先要建立 PCB 工程项目文件，然后在该项目文件下建立原理图、PCB 等其他文件，建立的项目文件将显示在"Projects"项目管理面板上。下面以"点亮发光二极管"电路为例说明。

一、创建项目

方法：单击"文件"→"创建"→"项目"→"PCB 项目"，如图 8-2 所示。

二、创建原理图文件

方法：单击"文件"→"创建"→"原理图"，如图 8-3 所示。

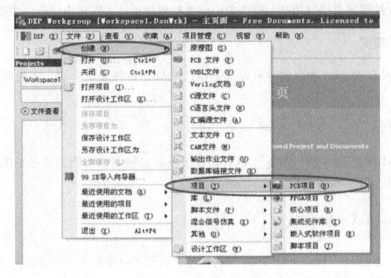

图 8-2 创建 PCB 项目

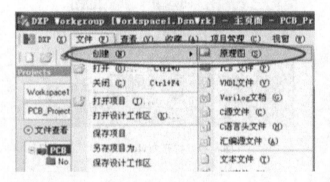

图 8-3 创建原理图

三、创建 PCB 文件

方法：单击"文件"→"创建"→"PCB 文件"，如图 8-4 所示。

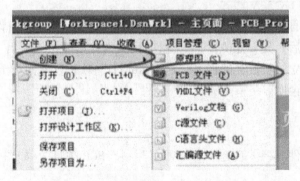

图 8-4 创建 PCB 文件

项目八 使用 Protel DXP 2004 绘图　*141*

【保存项目和设计文件】

一、进入保存状态

方法：在左侧工作区面板项目名称上右击"PCB_ Project1.PrjPCB"→"保存项目"，如图 8-5 所示。

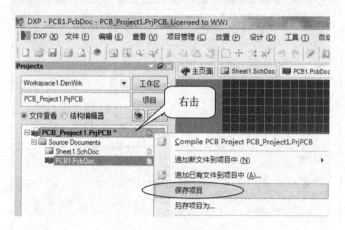

图 8-5　保存项目（一）

二、选择保存路径

项目中所有的文件（包括项目及其原理图文件、PCB 文件）都需保存在一个文件夹中。此例中，保存路径为桌面。左键单击"桌面"图标→"新建文件夹"图标→将创建的"新建文件夹"重新命名"点亮发光二极管"，如图 8-6 所示。

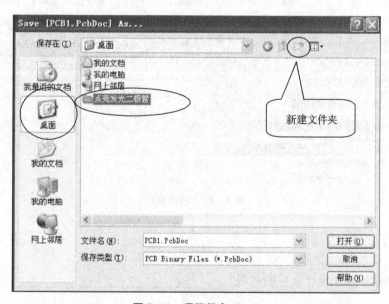

图 8-6　项目保存（二）

三、文件命名、保存

双击新建的文件夹"点亮发光二极管",依次保存并命名 PCB 文件、原理图文件、项目文件名称(文件名称、项目名称符合电路含义即可)→"保存",如图 8-7 所示。通过操作就将 PCB 文件、原理图文件、项目文件全部保存了。

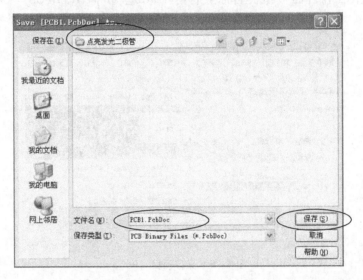

图 8-7 项目保存(三)

文件管理完成后即可绘制原理图和 PCB 图了,进入工作区需要进行文件切换,切换的方法如图 8-8 所示。

图 8-8 文件切换

【课堂练习】

1. 说明创建项目和设计文件的过程:_____

2. 说明保存项目和设计文件的过程：_____

_____

_____

【评　价】

任务二　绘制电路原理图

【学习目标】

◆ 学习电路原理图的绘制方法。
◆ 学习元件属性的修改方法。

电路原理图由各种元件符号及元件之间的连接关系构成，要绘制原理图，需找出元件对应的符号，连接元件关系，下面以项目"点亮一支发光二极管"电路为例，说明绘制原理图的方法和过程。

【放置元件】

一、进入元件库

方法：左键单击视窗右上侧的标签"元件库"按钮，如图8-9所示。

二、查找元件

以放置电阻器为例说明，如图8-10所示。方法：选中元器件库"Miscellaneous Devices.IntLib"（默认）→快速查找框中键入字母R→单击下面任一元件，使用方向键（上下键）寻找，直到找到为止。同时要尽量选择元件的封装形式符合封装要求的。

★ 提示：

快速查找输入对应元件的字母一般以元件文字符号或元件类型为名称，输入时应切换至英文输入法，方法是按键盘的【Ctrl】+【Space】组合键，即中英文输入切换功能键。

三、放置元件

单击右上角"Place"按钮放置电阻，如图8-10所示，这时电阻符号随着鼠标（十字光标）移动，在工作区域单击即可放置一个电阻，这时电阻仍然随着鼠标移动，表示还可

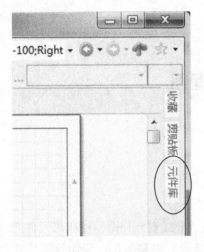

图 8-9 进入元件库

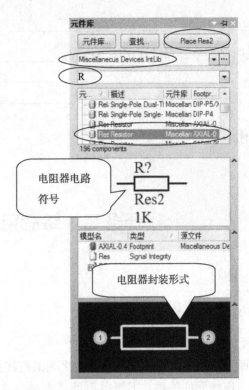

图 8-10 查找元件

放置多个电阻,若不需再放置,右击鼠标即可消除放置状态。

以同样的方法放置轻触按键开关、发光管及二极管,元件名称及对应库如表 8-1 所示。

表 8-1 元件名称及对应库

元件名称	库元件名	元件所在库
电阻	Res2	Miscellaneous Devices.InLib
轻触按键开关	SW-PB	Miscellaneous Devices.InLib
发光管	LED-1	Miscellaneous Devices.InLib
二极管	DIODE	Miscellaneous Devices.InLib

元件放置好后显示较小,操作起来不方便,可以将元器件放大。方法是:单击工具栏中的"![]",如图 8-11 所示。或使用键盘中的"Page up"和"Page down"进行图纸的放大或缩小。

图 8-11 图纸放大与缩小

放大之后如图 8-12 所示。

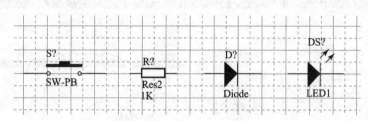

图 8-12　图纸放大后元件放置图

★ 提示：

元件放置好后若放置错误需要删除，用左键单击要删除的元件，此时元件被虚线框住，再按键盘上的【Delete】键即可删除。

【编辑元件属性】

元件放置完毕后需要对元件的属性进行修改，例如元件名称、元件参数、元件封装等。

一、修改电阻属性

方法：双击电阻符号，出现电阻属性对话框，按图 8-13 所示的要求修改。

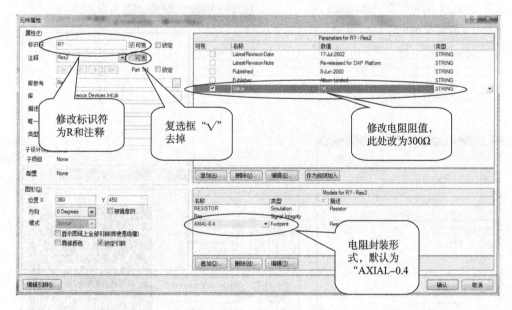

图 8-13　电阻元件属性修改

二、修改二极管 1N4148 属性

方法：双击二极管符号，出现二极管属性对话框如图 8-14 所示，图中二极管封装已经改为 DIODE0.4，标识符改为 VD，注释改为 1N4148。

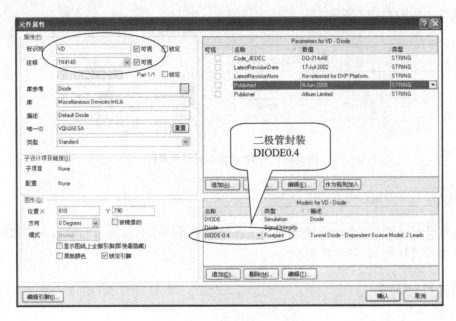

图 8-14 二极管元件属性修改

由于软件默认 1N4148 的封装不是 DIODE0.4，所以需加载。加载二极管封装的方法按图 8-15 中①~④依次操作。具体操作：左键单击"追加"→"确认"→"浏览"出现

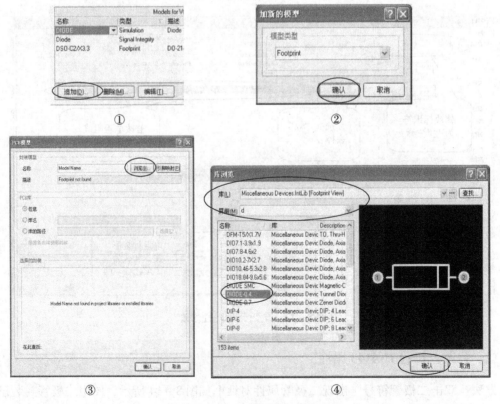

图 8-15 二极管封装加载方法

"库浏览",选择"Miscellaneous Devices.IntLib [Footprint View]",在"屏蔽"栏键入"d"→选择"DIODE0.4"→"确定"。

三、修改发光管属性

元件库中发光二极管的封装与实际元件封装不符合,所以要修改发光管的封装形式。通过查找与实际发光二极管封装相似的封装即可(封装如需要修改,后面 PCB 的绘制中会讲到修改方法),本例中利用"CAPPR2 - 5×6.8"封装。具体操作按图 8-15 中①~④依次操作。

四、关于按键开关的封装

在 Protel DXP 2004 中按键的封装与实际元件不符,封装库中没有相似的封装,所以需要绘制。不过应该注意,如果只是绘制原理图,可以不考虑封装形式,封装形式只有需要绘制 PCB 图时才需要,按键开关的封装自制方法在后面的 PCB 绘图中介绍。绘制"点亮发光二极管"原理图时按默认情况处理,不修改按键开关的封装形式。

元器件属性修改后调整元器件位置,修改之后如图 8-16 所示。

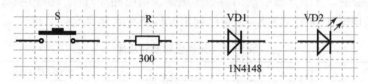

图 8-16 元件属性修改后的放置图

★ 提示:

调整元件位置的方法是:用鼠标左键按住元件不放,拖至所需位置,松开鼠标即可,若需要调整方向,在按住元件不放的同时,按空格键可以进行 90°旋转,按【X】键可以进行水平方向翻转,按【Y】键可以进行垂直方向翻转。注意必须切换至英文输入法才可以翻转。

【放置电源符号】

在配线工具条中可以找到 V_{CC} 端和 GND 端,如图 8-17 所示。左键单击,将电源图标"![Vcc]"和地线图标"![GND]"放置到工作区。

图 8-17 放置电源符号

【电气连接】

在电路原理图上元件放置完毕后,要按照电气特性对元件进行连线,以实现电路功能。

在配线工具条中使用导线按钮" ≈ ",也可执行"放置"菜单→"导线"命令,进入画导线状态,将光标移至所需位置,单击左键,定义导线起点,将光标移至下一位置,再次单击左键,完成两点间的连线。单击右键退出画导线状态。完成后如图 8-18 所示。

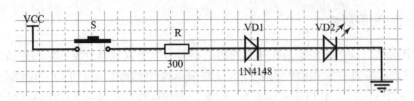

图 8-18 连接导线后的原理图

★ 提示:

原理图绘制好后,一定要记得保存,保存方法如前所述。

【做中学】

按前面所学绘制原理图方法绘制出自激多谐振荡器电路原理图(参考项目四的图 4-1),绘制时二极管采用默认方式(表 8-2 中已列出元件所在库和库元件名称)。

表 8-2 元件名称及对应库

元件名称	库元件名	元件所在库
电阻	Res2	Miscellaneous Devices.InLib
电解电容	Cap pol2	Miscellaneous Devices.InLib
发光管	LED-1	Miscellaneous Devices.InLib
三极管	NPN	Miscellaneous Devices.InLib

【评 价】

任务三 绘制原理图新元件

【学习目标】

◆ 掌握创建原理图库的方法。
◆ 掌握绘制元件的方法。

【绘制新元件】

对于 Protel DXP 2004 原理图库中没有的元件或者不符合要求的元件需要自己绘制。项目三图 3-6 中电位器图形符号在 Protel DXP 2004 原理图库没有(只有非国标图形符号),需要绘制。其绘制步骤如下。

一、创建原理图库

(1) 如图 8-19 所示在已创建的项目下,单击"文件"→"创建"→"库"→"原理图库"。

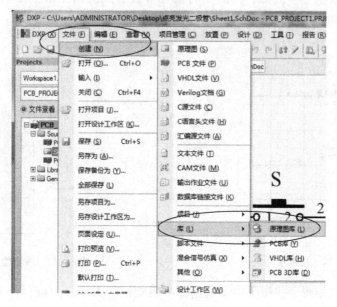

图 8-19 创建原理图库

(2) 在项目下创建 Schlib.SchLib,重新命名并保存在项目下,单击"SCH Library"打开元件库编辑管理器,如图 8-20 所示。

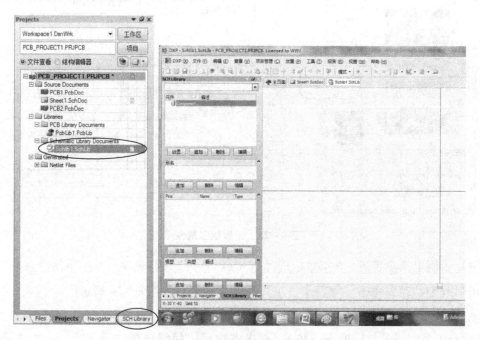

图 8-20 打开元件库编辑管理器

二、绘制新元件

(1) 在工具栏中单击" ",选择" ",如图 8-21 所示。

(2) 将矩形拖至十字线处,一般要将新元件放置到第四象限中,单击鼠标左键两次,完成矩形放置,如图 8-22 所示。

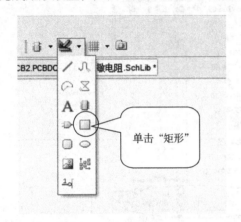

图 8-21 绘制矩形

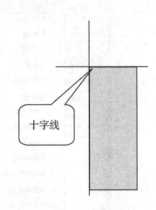

图 8-22 放置矩形

(3) 左键双击矩形,按照图中指示选择,确定矩形大小、边框大小和颜色,选择矩形填充为"透明",如图 8-23 所示。

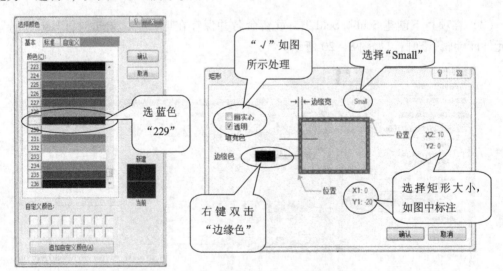

图 8-23 设置矩形属性

(4) 绘制电位器箭头。在菜单栏选择"工具"→"文档选项"→"网络"→"捕获"将"10"改为"2",单击" "→" "多边形,如图 8-24 所示。

(5) 如图 8-25 在原理图元件库编辑工作界面用左键单击鼠标三次可画好一个三角形(大小没有关系,尽量与标准图一致),双击多边形边缘线选择"Small",选择"填充色"

为"蓝色229"。左键单击选中"多边形",调整三角形大小合适即可,框住箭头图形,单击"编辑"→"裁剪"→"复制",将箭头拖至矩形中点,如图8-26所示。

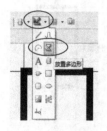
图8-24 绘制箭头(一)

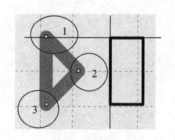
图8-25 绘制箭头(二)

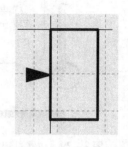
图8-26 绘制箭头(三)

(6)单击" "下拉菜单选择"放置引脚",如图8-27所示。

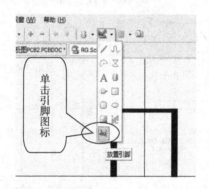
图8-27 放置引脚(一)

(7)按键盘上的【Tab】键,按图8-28操作。最后按"确定"按钮。

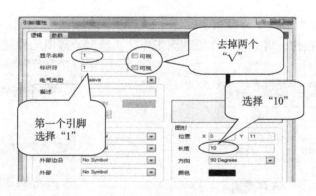
图8-28 放置引脚(二)

(8)放置引脚时注意有十字光标的一端是电气连接端,另一端放置到矩形边框上,如图8-29所示。

(9)按图8-27、图8-28操作继续放置第二、三个引脚,如图8-30所示。

(10)修改属性。第一步:选择"工具"→"重新命名元件"→将元件名改为"电位器";第二步:单击"编辑"元件属性,如图8-31所示,修改标识符;第三步:单击"追

图 8-29 放置引脚(三)

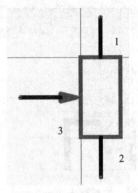

图 8-30 元件放置完成

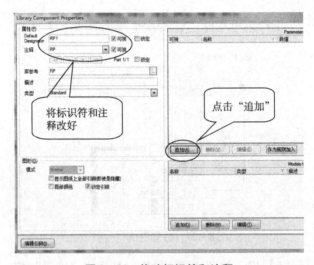

图 8-31 修改标识符和注释

加",在图 8-32 所示对话框中将参数改好,"确认",关闭"参数属性";第四步:单击图 8-33 中的"放置"按钮,将元件放在原理图工作区。绘制原理图元件完成。

图 8-32 修改元件参数

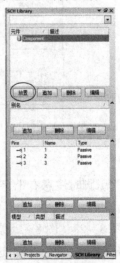

图 8-33 单击放置元件

【做中学】

按前面所学绘制原理图方法绘制出三极管工作状态测试电路原理图（参考项目三的图 3-6），所需元件名称及对应库见表 8-3。

表 8-3　元件名称及对应库

元件名称	库元件名	元件所在库
电阻	Res2	Miscellaneous Devices.Inlib
发光管	LED-1	Miscellaneous Devices.Inlib
三极管	NPN	Miscellaneous Devices.Inlib

【评　价】

任务四　绘制 PCB 图

【学习目标】

◆ 掌握元件封装绘制的方法。
◆ 掌握元件手工布局方法。
◆ 掌握 PCB 图手工布线的方法。

【自制封装】

绘制 PCB 图需要每个元件有相应的封装，如"点亮发光二极管"电路中的按键开关的封装与实际元件的封装不同，需要自制封装。下面说明轻触按键开关的封装绘制方法。

一、创建封装库

方法："文件"菜单→"创建"→"库"→"PCB 库"，如图 8-34 所示。

二、进入 PCB 元件库编辑器

方法：在工作区面板左下角选择"PCB Library"标签，如图 8-35 所示。

三、新建空元件

从 PCB Library 面板中"元件"区中可以看到，系统自动生成了一个名为"PCBCOMPONENT_1"的元器件，也可以新建一个空元件，方法是：在面板"元件"区的空白处右击→新建空元件，如图 8-36 所示。

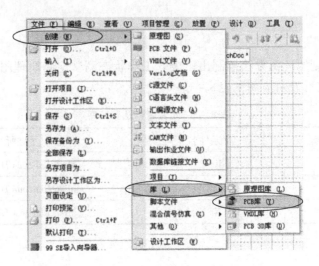

图 8-34 创建 PCB 库

图 8-35 进入 PCB 元件库编辑器

图 8-36 新建空元件

移动光标到该元件名上双击鼠标,在"PCB 库元件"对话框中更改元件的名称。如图 8-37 所示,在此给轻触按键开关命名为 S。

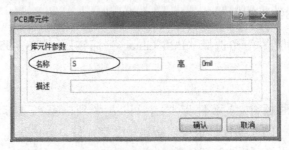

图 8-37 更改元件名称

四、制作元件封装

1. 设置工作层

单击工作区下面的""标签,将工作层设置为顶层丝印层。

2. 放置焊盘

绘制元件封装需要使用"PCB库放置"工具栏,可以通过执行"查看"菜单→"工具栏"→"PCB库 放置"命令打开或关闭该工具栏。

在工作区放置轻触按键的 4 个焊盘,方法如图 8-38 所示。

放置焊盘时需要考虑实际元件引脚的位置和尺寸,轻触按键开关放置时焊盘位置和尺寸如图 8-39 所示。

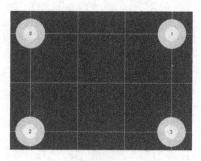

图 8-38 选择放置焊盘　　　　图 8-39 按元件实际尺寸放置焊盘

★ 提示:

在放置焊盘时,以工作区网格作为参考,网格中每格距离是英制 100 mil,公制 2.54 mm,万能板两个焊盘的距离是 2.54 mm。

3. 设置焊盘属性

焊盘的属性设置包括焊盘的孔径、形状以及标识符。双击焊盘即可在其对话框中修改,这里主要修改标识符,如图 8-40 所示,标识符需要与原理图中对应元件符号的引脚名称对应,对应关系如图 8-41 所示。

★ 提示:

要定义焊盘的编号,需要查看原理图中对应元件符号的引脚编号,查看的方法是:双击原理图符号,在对话框左下角勾选"显示图纸上全部引脚"即可,如图 8-42 所示。

4. 绘制元件外形

单击"PCB库 放置"工具栏中的"放置直线"按钮,执行画线命令,如图 8-43 所示。

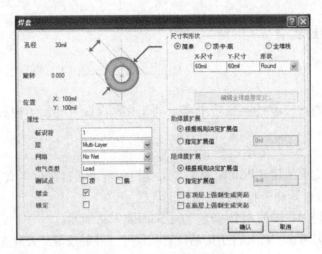

图 8-40　焊盘属性设置

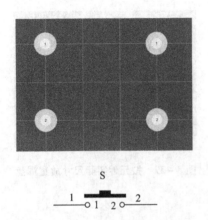

图 8-41　标识符设置好的焊盘

图 8-42　选择显示引脚

图 8-43　选择放置直线

按图 8-44 所示画出轻触按键开关的外形,长 6.6 mm,宽 4.2 mm。元件的外形尺寸与实物一致或大一些,不能偏小,这是在制作封装元件的过程中必须注意的。

使用"中心法放置圆弧"按钮来绘制一个圆,如图 8-45 所示。然后单击菜单栏的"编辑"→"设定参考点"→"中心"。这样就完成了轻触按键开关封装的绘制,如图 8-46 所示。

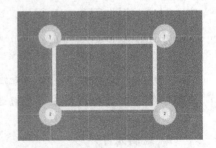

图 8-44　画出按键外形

图 8-45 选择放置圆

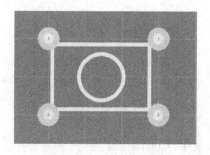

图 8-46 按键封装外形

5. 加载封装

根据图 8-14、图 8-15 的步骤将自制的按键封装加载至元件属性中。

【由原理图导出 PCB 图】

(1) 用鼠标左键单击菜单栏中的"设计"→"Update PCB Document",如图 8-47 所示。

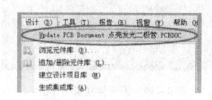

图 8-47 加载自制封装

(2) 在弹出的工程变化订单对话框中,依次执行:左键单击"执行变化"→"关闭",如图 8-48 所示。

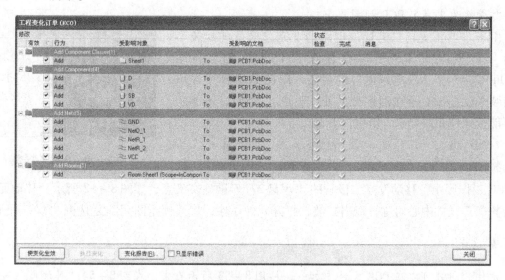

图 8-48 由原理图导出 PCB 图

★ 提示：

在执行"执行变化"后，系统自动检查原理图中的元件标号、元件封装及元件连接是否正确，若正确，在每项后面会打"√"，否则打"×"。提示有错误时，应关闭对话框，先纠正错误后再执行此过程。

【元件布局】

一、装载元件

方法：在菜单栏中左键单击"菜单"→"整张图纸"，找到元件，按住鼠标左键拖动鼠标选中将所有元件并拖动元件至工作区，左键单击"显示整个文件"或单击图标"🔍"，完成后如图 8 - 49 所示。左键单击红色区"选中"，按键盘【Delete】键可删除红色区域。

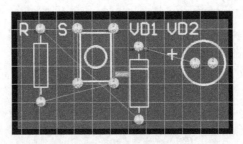

图 8 - 49 将元件拖至工作区

二、修改元件封装

元件的封装没有严格的要求，所以当元件封装不能满足要求时，可以自绘或加载相似的封装并做修改来满足 PCB 制图要求。

由于"点亮发光二极管"电路的发光二极管的封装不符合实际安装要求，所以在修改元件属性时，利用"CAPPR2 - 5 × 6.8"电解电容的封装。但在 PCB 图中显示此封装焊盘孔没有落在网格交叉处（见图 8 - 50），不能满足万能板元件布线要求，所以需要修改。

左键双击发光二极管，打开元件属性，如图 8 - 51 所示，将"锁定图元"复选框"√"去掉，关闭元件属性，

图 8 - 50 电容的焊盘

在 PCB 工作区中，移动发光二极管的"焊盘 2"至网格交叉点，如图 8 - 52 所示，移动元件封装轮廓至元件中心对称。双击封装，打开元件属性，将"锁定图元"复选框"√"加上。

★ 提示：

元件的封装可以在 PCB 文件中加载，按图 8 - 53 所示点击，在图 8 - 54 "库浏览"中查找相似、相近的封装形式加载到元件属性，然后通过修改的方式完成。

项目八　使用 Protel DXP 2004 绘图

图 8-51　去掉锁定图元

图 8-52　调整电容焊盘及轮廓

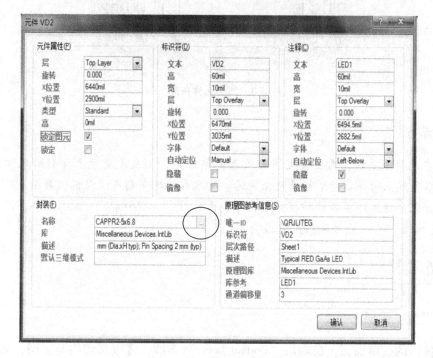

图 8-53　点击进入封装库

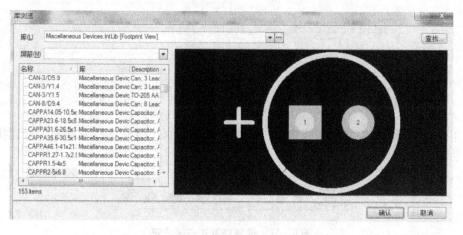

图 8-54　选择相应的封装形式

三、元件布局

方法：将鼠标左键按住元器件不放，拖至适当位置，按空格键【Space】调整元器件方向。完成后如图 8-55 所示。

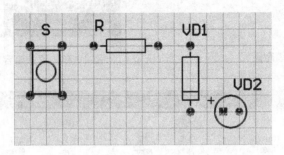

图 8-55　元件布局

★ 提示：

（1）在元件布局时，需要按飞线关系来调整位置，飞线是表示元件引脚之间的连接关系，同一根飞线上的焊盘网络标号是相同的。飞线在元件布局布线时提供帮助。

（2）如果移动元件不能被捕捉到网格中，需修改"元件网格"。方法：单击"文件"→"PCB 板选择项"→"元件网格"修改为 10。

【元件布线】

一、设置工作层

现在使用的是单面板，在底层"Bottom Layer"布线，将板层切换至底层，如图 8-56 所示。

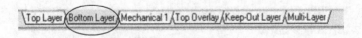

图 8-56　切换至底层

二、手工布线

使用配线工具栏中交互式布线按钮，如图 8-57 所示，将有飞线关系的焊盘连接起来，完成后如图 8-58 所示。

图 8-57　选择交互式布线按钮

项目八　使用 Protel DXP 2004 绘图　　*161*

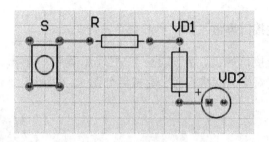

图 8-58　完成布线的 PCB 图

【绘制电源接口】

绘制半圆弧作为电源和地线接口。

1. 绘制半圆弧

先将板层切换至 "Top Layer" 顶层，将电源接口作为元件放置在元件面。绘制圆弧方法：选择菜单栏单击 "放置" → "圆弧" → 在工作区绘制圆弧，完成后如图 8-59 所示。

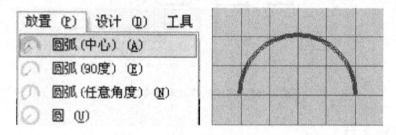

图 8-59　绘制电源和地线接口

2. 定义圆弧网络

方法：双击圆弧→若是电源接口则选择 "网络" 为 "VCC"；若是地线接口则选择 "网络" 为 "GND"，如图 8-60 所示。

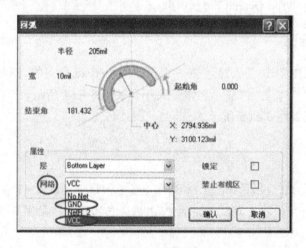

图 8-60　定义圆弧网络

3. 连接电源和地线接口焊盘

放置电源线和地线接口焊盘，方法是：在配线工具栏中单击"放置焊盘"按钮，如图 8-61 所示。修改其对应的网络标号，完成后如图 8-62 所示。

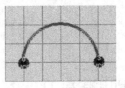

图 8-61 放置焊盘　　　　　　　　图 8-62 完成示意图

4. 连接电源和地线接口

使用交互式布线按钮将电源接口和地线接口与电路相接，完成后如图 8-63 所示。

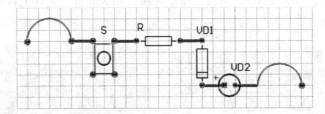

图 8-63 完成电源和地线的 PCB 图

【绘制接口标记】

为使 PCB 图更清晰明了，需要对图纸接口进行说明标记。

一、设置工作层

先将板层切换至"Top Overlay"丝印层。

二、放置字符标记

方法：在菜单栏中单击"放置"→"字符串"→按键盘上的【Tab】键，出现字符串对话框。修改字符"文本"，调整"字体"大小，如图 8-64 所示。

最后完成的图纸如图 8-65 所示。

【做中学】

1. 绘制"点亮发光二极管"电路 PCB 图（参考项目二的图 2-25）。
2. 绘制出三极管工作状态测试电路的 PCB 图（参考项目三的图 3-10）。

说明：

①电位器用自制封装。

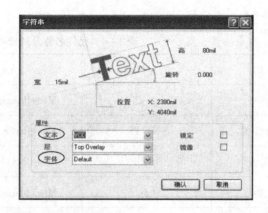

图 8-64 放置字符

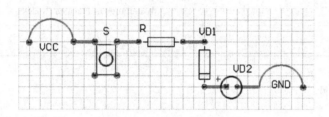

图 8-65 完成的 PCB 图

②三极管封装采用 BCY-3/E4，再进行修改。

③PCB 图元件布局布线可自行设计，也可参考图纸。

3. 绘制出自激多谐振荡器电路的 PCB 图（参考项目四的图 4-6）。

【评　价】

任务五　综合训练

【学习目标】

◆ 学习查找新元件的方法。
◆ 学习编辑元件引脚的方法。
◆ 熟练绘制叮咚门铃电路原理图。
◆ 熟练绘制叮咚门铃电路 PCB 图。

【原理图绘制】

叮咚门铃电路原理图见项目六的图 6-1，图中所需元件的库元件名、所在元件库及封装名称如表 8-4 所示。

表 8-4 元件名称及对应库

元件名称	库元件名	元件所在库	元件封装
电阻	Res2	Miscellaneous Devices. InLib	AXIAL0.4
轻触按键开关	SW – PB	Miscellaneous Devices. InLib	自制
二极管	DIODE	Miscellaneous Devices. InLib	DIODE0.4
瓷片电容	Cap	Miscellaneous Devices. InLib	RAD0.1
电解电容	CAPPR2 – 5×6.8	Miscellaneous Devices. InLib	修改
扬声器	Speaker	Miscellaneous Devices. InLib	RAD0.3
NE555		查找	DIP – 8

一、查找新元件

NE555 集成块在默认的库中没有，因此需要查找出该元件，查找方法如下：如图 8-66 所示在元件库中单击"元件库"→"查找"或"Search"，弹出"元件库查找"界面，如图 8-67 所示，在视窗中键入"NE555"，选择"路径中的库"→"查找"，开始搜索。搜索出现的元件显示在元件库的视窗区，如图 8-66 所示。

搜索到了元件后，可按"stop"结束搜索或等待搜索结束。如图 8-67 所示，可以在元件库中看到 NE555 元件，选中原理图图形和封装都符合的型号，按照"放置元件"的方法操作即可。

二、调整元件引脚

NE555 放置好后如图 8-68 所示，为了使电路原理图连接关系清晰，应调整元件引脚位置，方法是：双击 NE555 元件符号，在出现的"元件属性"对话框中将左下角"锁定引脚"复选框的"√"去掉，如图 8-69 所示。引脚解除锁定之后，就可对引脚进行操作了，左键单击引脚按住不放，拖动至合适位置，释放左键即可调整，在调整时按空格键可改变引脚方向。调整后的 NE555 图形如图 8-70 所示。最后双击图形，在"元件属性"对话框中，将"锁定引脚"复选框勾选，引脚重新锁定。

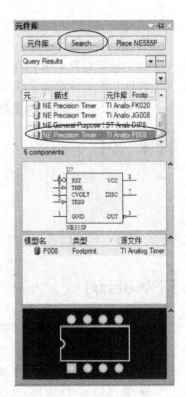

图 8-66 查找元件及元件的显示

项目八 使用 Protel DXP 2004 绘图

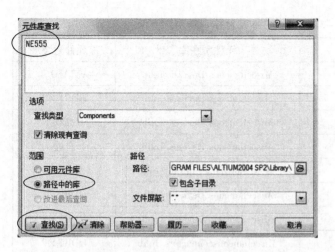

图 8-67 查找元件的步骤和方法

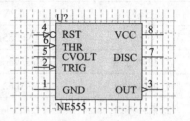

图 8-68 查找到的 NE555

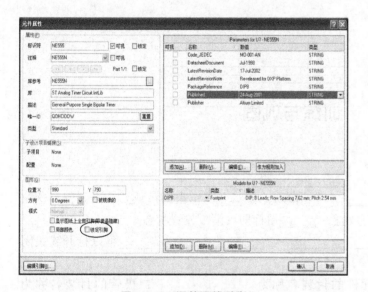

图 8-69 调整元件引脚

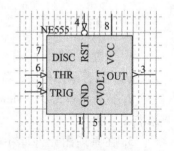

图 8-70 调整后的元件

【PCB 图绘制】

【做中学】

1. 绘制出叮咚门铃电路原理图和 PCB 图（请参考项目六的图 6-1 和图 6-10）。
2. 绘制出电子生日蜡烛电路原理图和 PCB 图（请参考项目七的图 7-5 和图 7-10）。表 8-5 中为元件所在库及封装。

表8-5 元件所在库及封装

元件名称	库元件名	元件所在库	元件封装
电阻	Res2	Miscellaneous Devices. Inlib	AXIAL0.4
开关	SW-SPST	Miscellaneous Devices. Inlib	HDR1×2
瓷片电容	Cap	Miscellaneous Devices. Inlib	RAD0.1
三极管	NPN	Miscellaneous Devices. Inlib	自绘
NE555	NE555N	ST Anaiog Timer circuit. Inlib	DIP-8
R_T 热敏电阻	Res Varistor	Miscellaneous Devices. Inlib	HDR1×2
驻极体话筒	Mic2	Miscellaneous Devices. Inlib	HDR1×2
音乐片接口	Header	Miscellaneousconnectors. Inlib	HDR1×2
发光管	LED-1	Miscellaneous Devices. Inlib	HDR1×2

【评　价】

训练与巩固

一、填空题

1. 放置元件时元件符号随着_____移动，在_____单击即可放置一个元件，这时元件仍然随着鼠标移动，若不需再放置，_____鼠标即可消除放置状态。

2. 执行菜单命令［view］→_____→_____→_____可以打开或关闭标准工具栏。

3. 在原理图元件库中电阻元件的封装名称为_____，二极管的封装名称为_____。

4. Protel DXP 2004 软件能够绘制_____图和_____图。

5. 元器件在浮动状态时按_____键元器件可以旋转，按_____键元器件可以左右翻转，按_____键元器件可以上下翻转。

6. 原理图就是元件的连接图，其本质内容有两个：_____和_____。

7. 线工具栏（Wiring）主要用于放置原理图器件和连线等符号，是原理图绘制过程中最重要的工具栏。执行菜单命令_____可以打开或关闭该工具栏。

8. 元件封装绘制完毕后需单击菜单栏的"_____"→"设定参考点"→"_____"。

9. 新建封装元件必须在_____编辑器中进行。

10. 元件库编辑器有两种方法，一种方法是_____，另一种方法是_____。

二、单项选择题

1. 原理图中将浮动元件逆时针旋转90°要用到下面哪个键？（　　）
① "X" 键　　　② "Y" 键　　　③ "Shift" 键　　　④ "Space" 键

2. Protel DXP 2004 中 100 mil 等于多少毫米？（　　）
①. 0.001 mm　　　②2.54 mm　　　③1 mm　　　④0.00254 mm

3. 电路原理图的文件名后缀为（　　）。
①. SchLib　　　②. SchDoc　　　③. PcbDoc　　　④. PcbLib

4. 元件封装库文件的后缀为（　　）。
①. IntLib　　　②. SchDoc　　　③. PcbDoc　　　④. PcbLib

5. 元件封装外形应放置图层为（　　）。
①Top　　　②Bottom　　　③Top Overlay　　　④Keep-Outlayer

6. 元件封装英文名称为（　　）。
①Pad　　　②Vir　　　③Layer　　　④Footprint

7. 板层的英文名称为（　　）。
①Pad　　　②Vir　　　③Layer　　　④Footprint

三、判断题（正确的打"√"，错误的打"×"）

1. 元件一旦放置后，就不能再对其属性进行编辑。（　　）
2. 要在原理图中放置一些说明文字、信号波形等，而不影响电路的电气结构，就必须使用画图工具（Drawing）。（　　）
3. 为使电路板更加美观，布线应尽可能平行布置。（　　）
4. 元件的布局应便于信号流通使信号尽可能保持一致的方向。（　　）
5. 元件封装是和元件一一对应的，不能混用。（　　）
6. 为了设计印制电路板，在画电路原理图时每个元器件必须有封装，而且元器件封装的焊盘与电路原理图元器件管脚之间必须有对应关系。（　　）

项目九

声光双控节能灯

【情景描述】

我们很多人都见过一种声控灯,在晚上,发出声响后灯会亮,过一段时间自动熄灭,这是一种光声控节能灯,是逻辑门电路的应用电路。我们下面会讲解声光双控节能灯电路的理论,然后利用购买的电路散件亲自动手做一个。大家努力吧。

【任务分解】

➢ 任务一　声光双控节能灯电路分析
➢ 任务二　绘制原理图及 PCB 图
➢ 任务三　电路的装配、调试及故障检修

任务一　声光双控节能灯电路分析

【学习目标】

- ◆ 了解门电路的基本概念。
- ◆ 熟悉声光双控电路的构成及功能。
- ◆ 了解可控硅、稳压管、CD4011 的相关知识。
- ◆ 掌握声光双控电路的工作原理。

【门电路的基本概念】

门电路是最基本的逻辑电路,也是数字电路的基本单元,最基本的门电路有 3 种,电路符号如图 9-1 所示。

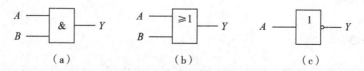

图 9-1 基本门电路的电路符号
(a) 与门；(b) 或门；(c) 非门

其他逻辑功能的门电路，如图 9-2 所示。

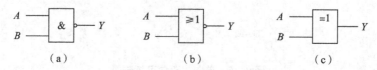

图 9-2 其他简单的门电路
(a) 与非门；(b) 或非门；(c) 异或门

在本次制作项目中应用了与非门电路。
其逻辑运算表达式为：

$$Y = \overline{A \cdot B}$$

在数字电路中，用高、低电平分别表示二值逻辑的 1、0 两种逻辑状态。高、低电平都有一个允许的范围。

常用门电路的逻辑关系可以归纳成如下口诀：

与门：有 0 出 0，全 1 出 1；或门：有 1 出 1，全 0 出 0；
与非门：有 0 出 1，全 1 出 0；或非门：有 1 出 0，全 0 出 1；
异或门：不同为 1，相同为 0；同或门：相同为 1，不同为 0。

【电路识图及认识新元件】

声光双控节能灯电路运用逻辑电路实现灯光控制，原理图如图 9-3 所示。

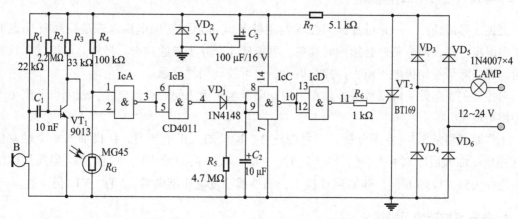

图 9-3 声光双控节能灯电路原理图

一、单向可控硅

1. 可控硅分类

可控硅分单向可控硅和双向可控硅两种,都是三个电极,如图9-4所示。

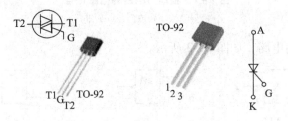

图9-4 单向、双向可控硅

2. 单向可控硅

单向可控硅由阴极(K)、阳极(A)、控制极(G)构成,图9-5是单向可控硅的内部结构图和电路符号,图9-6是由两个三极管构成的可控硅的等效图。

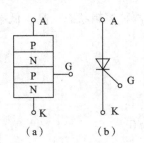

图9-5 可控硅内部结构图和电路符号

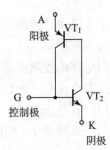

图9-6 可控硅等效图

3. 单向可控硅的工作原理

可控硅导通条件:一是可控硅阳极A与阴极K间必须加正向电压,二是控制极G也要加正向电压。以上两个条件必须同时具备,可控硅才会处于导通状态。另外,可控硅一旦导通后,即使降低控制极电压或去掉控制极电压,可控硅仍然导通。

可控硅关断条件:降低或去掉加在可控硅阳极至阴极之间的正向电压,使阳极电流小于最小维持电流。

工作原理可从图9-6来分析,当可控硅A、K极加入正电压时,G极加入一个触发信号(指电压加入后即刻消失的信号),这时,VT_2导通,同时使VT_1导通,VT_1导通形成的I_c电流加入到VT_2的b极,即加到G极上,当外部触发电压消失后,VT_1、VT_2仍导通。

4. 单向可控硅的引脚区分

对单向可控硅的引脚区分,有的可从外形封装加以判别,如外壳就为阳极,阴极引线比控制极引线长。从外形无法判断的可控硅，可用万用表"—▷▷—"挡测量判断。测量方法：测量可控硅任意两管脚间的正反向电压（"—▷▷—"挡，显示的是晶体管的压降），当万用表指示 0.7 V 左右时，红表笔所接的是控制极 G，黑表笔所接的是阴极 K，余下的一只管脚为阳极 A。

5. 单向可控硅的性能检测

测量可控硅任意两管脚间的正反向电压，当万用表指示 0.7 V 左右时，红表笔所接的是控制极 G，黑表笔所接的是阴极 K，余下的一只管脚为阳极 A。红表笔不要离开 G 极，同时将红表笔接触到 A 极，再使红表笔脱离 G 极，观察读数是否是 0.7 V 左右，如果是，表明可控硅是好的。

【做中学】

1. 可控硅分为_____、_____两种。
2. 读出可控硅的型号_____。
3. 可控硅 A、K 导通后，撤掉控制极 G 的控制电压，A、K 间_____。
4. 可控硅导通条件：一是_____，二是_____。以上两个条件必须_____具备，可控硅才会处于导通状态。
5. 画出可控硅的等效图。

6. 实测可控硅，区分出可控硅的 A、K、G 极，写出过程。
_____
_____
_____
_____

【评　价】

二、CD4011 集成块

1. CD4011 集成块的功能

CD4011 是 CMOS 四重二输入端与非门集成电路，双列直插式封装，封装形式为DIP - 14，实物如图9-7所示。引脚功能如表9-1所示，内部功能如图9-8所示。

图9-7 CD4011实物

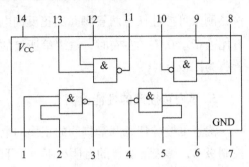

图9-8 CD4011内部功能图

表9-1 CD4011集成块的引脚功能

第一组			第二组				第三组			第四组			
1	2	3	4	5	6	7	8	9	10	11	12	13	14
输入端	输入端	输出端	输出端	输入端	输入端	地线	输入端	输入端	输出端	输出端	输入端	输入端	电源

CD4011内部有四个性能相同的与非门，与非门的公式为：

$$Y = \overline{A \cdot B}$$

2. 真值表（逻辑关系）

CD4011真值表如表9-2所示。

表9-2 CD4011真值表

门	与非门1			与非门2			与非门3			与非门4		
	输入端		输出端	输入端		输出端	输入端		输出端	输入端		输出端
引脚	1	2	3	5	6	4	8	9	10	12	13	11
逻辑	0	0	1	0	0	1	0	0	1	0	0	1
	0	1	1	0	1	1	0	1	1	0	1	1
	1	0	1	1	0	1	1	0	1	1	0	1
	1	1	0	1	1	0	1	1	0	1	1	0

从表中得出结论，当与非门的输入端均为高电平时，输出为低电平，否则输出为高电平。这是一个重要的结论，对我们分析电路工作原理起着重要作用。

【课堂练习】

1. 与非门是数字电路中的基本单元，当两输入端都为高电平时，输出为（　　）。
①高电平　　　　②低电平　　　　③负电平　　　　④都不是

2. CD4011中的一个门电路的输出为高电平，那么输入的电平为（　　）。（多选）
①A为高电平，B为高电平

② A 为高电平，B 为低电平
③ A 为低电平，B 为高电平
④ A 为低电平，B 为低电平

3. CD4011 是一块 CMOS 四重二输入端_____门集成电路，电源正端的引脚是第___脚，地是第___脚。

4. 什么是真值表？_____

【评　价】

三、稳压二极管

稳压二极管是二极管的一种，又称齐纳二极管或反向击穿二极管，在电路中起稳压作用。它是利用二极管的反向击穿特点，即在一定反向电流范围内，反向电压不随反向电流变化这一特点进行稳压的，电路符号如图 9-9 所示。

图 9-9　稳压管

稳压二极管的主要参数如下。

1. 稳压电压 U_Z

稳压二极管在电路中是反向应用的，这样才能起稳压作用，如图 9-10 所示，图中 U_i 是输入电压，U_Z 是稳压电压，而且 U_i 必须大于 U_Z。

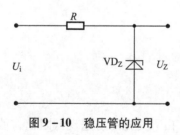

图 9-10　稳压管的应用

2. 稳定电流 I_Z 和最大稳定电流 I_{Zmax}

稳定电流是指稳压管的工作电压等于其稳压电压时的工作电流。管子使用时不能超过的电流称为最大稳压电流。

3. 稳压管的测量

稳压二极管是二极管的一种，所以正向测量方法与普通二极管相似，反向测量则根据稳压值 U_Z 的不同测量值有所不同，因此稳压管性能的测量必须借助仪器或按照图 9-10 电路接好，用万用表测出 U_Z 就是稳压值。如果用万用表测量出现正反测量电阻都很小，稳压管可能击穿损坏。

【声光双控节能灯原理】

一、电路的功能特点

了解电路的功能,对我们分析电路很有帮助。

(1)声光双控节能灯电路,顾名思义,灯的点亮由声音和光来控制。

(2)电路中照明灯点亮的条件是:

①无光照或光线不足的时候,如晚上;

②有声音时,如有人经过时。

(3)在灯点亮一段时间后(可设计好),在无人干预情况下,灯自动熄灭,以达到节能的目的。

二、电路组成

声光双控节能灯电路由光控电路、声控电路、门电路组成的触发延时电路等组成。方框图如图9-11所示。

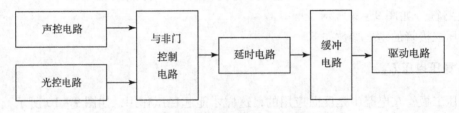

图9-11 声光双控节能灯方框图

三、电路原理分析

声光双控节能灯电原理图见图9-3。

1. 光控电路

光控电路中光敏电阻器 R_G 白天受光照射呈现低阻值,使门 IcA 的输入端中1脚为低电平,与非门输出3脚为高电平,这时电路输出与2脚的输入电平高低无关。门 IcA 的3脚输出的高电平经过门 IcB、门 IcC、门 IcD 三次反相后成低电平,可控硅 VT_2 控制极无触发信号,不导通,灯不亮。

当夜间无光照时,R_G 呈高阻值,IcA 输入端1脚变为高电平,门 IcA 的输出状态受2脚输入电平的控制,即2脚低电平时门 IcA 输出高电平,2脚高电平时门 IcA 输出低电平。

2. 声控电路

当话筒 B 接收到声音信号时,三极管 VT_1 由浅饱和状态进入放大状态或截止状态,VT_1 集电极电压 U_C 从低电平变成高电平送至门 IcA 的2脚,声音消失后三极管 VT_1 的 U_C 恢复为低电平。

当夜晚无光照而有声音信号时，门 IcA 的 3 脚输出低电平，经门 IcB 反相变成高电平，然后经隔离二极管 VD_1 对电容 C_2 充电（充电很快），高电平经门 IcC、IcD 二级反相（主要起到隔离作用）输出高电平，通过 R_6 使 VT_2 导通，灯点亮。

3. 延时电路

外部声音消失后，门 IcB 的 4 脚输出低电平，因有 VD_1 的阻断作用，电容 C_2 只能通过 R_5 缓慢放电，C_2 两端仍保持高电平，门 IcD 也输出高电平维持灯亮。经过一段时间后，电容 C_2 两端电压下降到低电平时，门 IcD 即 11 脚输出端变为低电平，VT_2 截止，灯自动熄灭。

4. 驱动电路

VT_2 的 G 极加上电压，可控硅 VT_2 导通，整流形成的脉动直流电压加到灯泡上，点亮灯泡。当延时结束后，G 极无电压，可控硅过零关断。

5. 稳压电路

低电压供电由交流电 12～24 V 经过 VD_3、VD_4、VD_5、VD_6 组成的桥式整流，经 R_7 降压、VD_2 稳压给声音放大器及 CD4011 电路供电。

【课堂练习】

1. 本电路中照明灯点亮的条件是（　　）。
①无声有光时　　②无声无光时　　③有声有光时　　④有声无光时
2. 本电路中的延时电路由哪些元件组成？（　　）
①VD_1、CD4011、VT_1　　　　②VD_1、CD4011、VT_1、R_5
③CD4011、R_5、C_2　　　　　④R_5、C_2、VT_2
3. 声音放大电路中的 C_1 开路产生的故障是（　　）。
①对声音的灵敏度下降　　　　②对声音的灵敏度增加
③对声音无反应　　　　　　　④对光线亮暗无反应
4. 声、光双控节能灯电路由_____电路、光控电路、门电路组成的触发延时电路等组成。
5. 平时没有声音时，VT_1 处在什么状态？_____。
6. C_1 在电路中的作用是_____，C_2 的作用是_____。

【评　价】

任务二　绘制原理图及 PCB 图

【学习目标】

◆ 熟练掌握绘制原理图的能力。
◆ 了解 PCB 的构成。
◆ 巩固 PCB 识图的能力。

【绘制原理图及 PCB 图】

一、绘制原理图

绘制原理图需注意，新元件光敏电阻在 Protel DXP 2004 原理图库中没有，需要绘制（以光敏电阻为例）。绘制步骤在"项目八"已经讲解了，下面将新内容介绍如下。

(1) 在元件库编辑器工作区绘制好电阻元件后选择"　"，在其下拉菜单中选择圆形，以矩形为中心放置，单击鼠标右键两次放置圆形。左键双击圆形，选择填充选项等，如图 9-12 所示。完成后单击"确认"按钮。

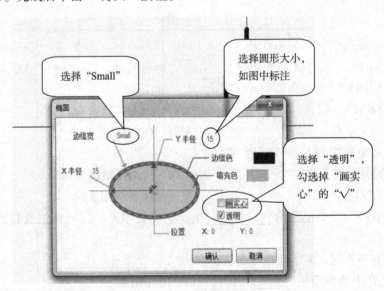

图 9-12　圆形的属性设置

(2) 选择"工具"→"文档选项"→"网络"→"捕获"，将"10"改为"2"，选择"画图工具"→"直线"，按图画出带箭头指示符号，如图 9-13 所示。

(3) 选择"工具"→"重新命名元件"→将元件名改为"RG"。单击"放置"，将元件放置到原理图文件中，绘制原理图。

二、手动定义电路板形状

启动 PCB 图编辑器，再执行"设计"→"PCB 板形状"→"重新定义 PCB 板形状"，画出所需大小的封闭方框，重新定义 PCB 板边界。

重新定义了 PCB 形状后，在机械层"Mechanical 1"上的工作区画出边界线，注意界面左下角的坐标，可以通过坐标规划尺寸。坐标单位默认英制单位，按键盘上的【Q】键可以实现公制与英制单位的切换，如图 9-14 所示。

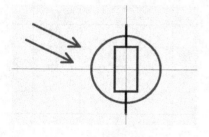

图 9-13 绘制好的光敏电阻符号

图 9-14 切换为公制单位

三、绘制 PCB 图

【做中学】

仿照节能灯 PCB 实物在 Protel DXP 2004 软件环境中画出 PCB 图，采用手工绘制，不允许自动布局和布线。要求 PCB 形状、尺寸大小、元件封装、元件布局和布线都和实物一致。PCB 图允许误差 1 mm，封装允许误差 0.5 mm。

（1）PCB 形状和尺寸如图 9-15 所示。

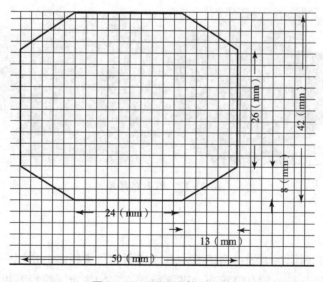

图 9-15 PCB 形状和尺寸

（2）部分元件封装尺寸如图 9-16 所示。

话筒封装　　104电容/光敏电阻封装　　三极管/可控硅封装

图 9-16　部分元件封装

【评　价】

【了解 PCB】

一、PCB 作用

PCB 能够提供各种电子元器件固定装配的机械支撑、实现各种电子元器件之间的布线和电气连接或电气绝缘，提供所要求的电气特性。同时为自动锡焊提供阻焊图形，为元器件插装、检查、维修提供识别字符和图形。

二、PCB 结构

一块完整的电路板主要包括以下几个部分：绝缘基板、铜箔、孔、阻焊层和丝印层，如图 9-17 所示。

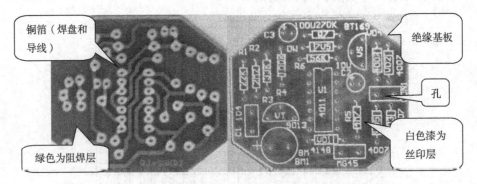

图 9-17　PCB 的结构

1. 绝缘基板

由高分子的合成树脂与增强材料组成。合成树脂的种类很多，常用有酚醛、环氧、聚四氟乙烯树脂等。增强材料一般有玻璃布、玻璃毡等，它们决定了绝缘基板的机械性能和电气性能。

2. 铜箔

铜箔是电路板表面的导电材料，它通过黏合剂粘贴在绝缘基板的表面，然后再制成印制导线和焊盘，在板上实现元器件的相互连接。因此，铜箔是印制电路板的关键材料，必须有较高的导电率和良好的焊接性。铜箔的质量直接影响电路板的性能。要求铜箔表面不得有划痕、砂眼和皱折。铜箔厚度有 18 μm、35 μm、70 μm 和 105 μm 几种。

3. 孔

电路板上的孔有元件安装孔、工艺孔、机械安装孔及金属化孔。它们主要用于基板加工、元件安装、产品装配及不同层面之间的连接。元器件的安装孔用于固定元器件引线。安装孔的直径有 0.8 mm、1.0 mm、1.2 mm 等尺寸，同一块电路板安装孔的尺寸规格应少一些。

金属化孔是把铜沉积在贯通两面导线或焊盘的孔壁上，使原来非金属的孔壁金属化，使双面印制电路板两面的导线或焊盘实现连通。

4. 阻焊层

阻焊层是指在印制电路板上涂覆的绿色阻焊剂。阻焊剂是一种耐高温涂料，除了焊盘和元器件的安装孔以外，印制电路板的其他部位均在阻焊层之下。这样可以使焊接只在需要焊接的焊点上进行，而将不需要焊接的部分保护起来。应用阻焊剂可以防止搭焊连桥所造成的短路，减少返修，使板面不易起泡、分层，减少潮湿气体和有害气体对板面的侵蚀。

5. 丝印层

为方便电路的安装和维修，要在印制板的上下两表面印上必要的标志图案和文字代号等，例如元件标号和标称值、元件轮廓形状和厂家标志、生产日期等，这些标志图案和文字代号称为丝印层。

【课堂练习】

1. 绘制新元件步骤如下：第一步，打开项目，在项目下创建_____。
2. 为了画好光敏电阻中的箭头，需要将网络捕捉设为_____。
3. 图 ☐ 是绘制_____形。光敏电阻中的矩形尺寸为_____×_____。
4. PCB 能够实现各种电子元器件之间的____和电气____或电气____、提供所要求的电气特性。同时为自动锡焊提供_____，为元器件插装、检查、维修提供_____和_____。
5. 电路板主要包括以下几个部分：_____、_____、_____、_____和_____。
6. 绘制原理图元件要创建原理图库文件。（对的打"√"，错的打"×"）
7. 绘制引脚时可以选择"⌐"中的直线。（对的打"√"，错的打"×"）
8. 绘制好的光敏电阻封装形式不能设置成电解电容的封装。（对的打"√"，错的打"×"）

9. 为什么在绘图时要将"网络"、"捕获"设置为"2"？

【评　价】

任务三　电路的装配、调试及故障检修

【学习目标】

◆ 掌握电路的装配工艺和技能。
◆ 学习掌握本电路的调试要求和方法。
◆ 能够维修简单的故障。

【装　配】

一、CMOS 集成块装配注意事项

由于 CMOS 集成电路容易被击穿。一旦发生了绝缘击穿，就不可能恢复集成电路的性能。因此使用时应注意以下几点。

（1）焊接时采用漏电小的烙铁，特别是电烙铁的外壳必须有良好的接地线，或者焊接时暂时拔掉烙铁电源。

（2）电路操作者的工作服、手套等应由无静电的材料制成。工作台上要铺上导电的金属板，椅子、工具器件和测量仪器等均应处于零电位，工作时应该佩戴防静电手环。

（3）在印制电路板上插入或拔出集成电路时，一定要先关断电源。

（4）切勿用手触摸大规模集成电路的端子（引脚）。

（5）直流电源的接地端子一定要接地。

★ 提示：

为了防止 CD4011 被击穿，以及对元件的充分利用，制作中在安装集成块的部位安装一个集成块插座，元件焊接完成后再插上集成块。

二、准备电路原理图和 PCB 图

利用任务二中绘制出的电路原理图和 PCB 图，为下面的工作做好准备。

三、准备工具与仪器

按照前面所学的知识，准备好制作和调试的工具与仪器。

四、清点和检测元件

准备好制作的元件，注意清点元件数量是否正确，并且用万用表测量元件好坏，将坏元件挑出。

五、装配

按照装配的工艺要求将元件插入到相应的位置，元件焊接好后，即可进入到下一阶段的工作。

【课堂练习】

1. 装配时使用 CD4011 等 CMOS 集成电路时应注意防____电。不能用手摸，不能通电拔插集成块等。

2. 声光双控节能灯的装配中应该注意焊接、安装工艺，请问哪些是错误的？（   ）
①先装配大元件如话筒　　　　　　②VD_1 二极管需紧贴 PCB 安装
③焊接三极管要注意防止过热　　　④C_1 安装时不需要区分极性

3. 焊接时一个引脚焊不上，应该加长时间焊接，直到元件焊上。（对的打"√"，错的打"×"）

4. 用万能板进行电路装配要做到连线直、焊点均匀、美观，元件不能相互交叉排列。（对的打"√"，错的打"×"）

【评　价】

【整机调试】

一、初步调试

组装完成后，在通电调试之前，要先检查电路是否连接正确。

（1）通过目测的方法对电路的焊接进行检查，看看有无虚焊、搭焊（不该焊的却焊上了）。

（2）通过电阻挡对关键元件进行检查，先测出正常电路的相应电阻值，对比自己的电路，比较一下电路有无异常，特别要测量集成块各引脚之间是否短路，电源供电是否短路。如发现异常就要对相应电路检查，直到电路的电阻值恢复。

二、通电调试

初步调试后，就可以通电调试了。

1. 电源调试

CD4011 不插入插座，使用交流 12~24 V 的电源，接到如图 9-3 的交流输入端，测量 VD_2 的电压如为 5.1 V，表明电源正常。

2. 光控调试

将光敏电阻器用黑胶带遮挡住光线的照射，通电测量门 IcA 的 1 脚对地电压，应该为 5 V 左右，去掉黑胶布，该电压下降至接近 0 V。

3. 声控调试

测量门 IcA 的 2 脚对地电压，当没有声音时，该点电压接近 0 V；当有声音时，该点电压上升至大于 3 V；若该点电压小于 3 V，可以增大 R_1 的阻值和增大三极管 VT_1 的放大倍数。

4. 电路总测试

接通电源后，在白天有光照情况下，灯应不发光，将光敏电阻器完全遮挡住光线的照射，然后击掌，此时灯应该发光；声音消失后发光管继续发光，延时几十秒后灯自动熄灭。如不能实现功能，表明电路有故障，要进行维修。

【做中学】

1. 电路组装好后，可以通电检查电路是否正常。（对的打"√"，错的打"×"）
2. 通电检查电路电源供电是否正常，不需要将 CD4011 插入 IC 插座中。（对的打"√"，错的打"×"）
3. 装配完成后的调试应该首先进行不通电检查，①通过_____的方法对电路的焊接进行检查，看看有无虚焊、搭焊。②用_____挡对关键元件、电源供电检测，不能有短路现象。
4. 通电调试的步骤首先要进行_____调试，然后进行_____调试。将_____用黑布遮住，然后发出_____，看看灯是否会亮，过一段时间灯_____，说明电路正常。
5. 有人认为可以将光敏电阻与 R_4、IcA 连接处装一个开关，与 R_4、IcA 电路连接来模拟晚上的情景。你认为对么？你怎么看？_____
_____。
6. 改变定时电容，测试电容量的大小与定时时间的关系（为了防止环境对话筒的干扰，应该断开话筒）。
   (1) 测试灯实际点亮延时时间是_____。
   (2) 指出定时电容的代号_____，你有什么简便的方法增大定时电容量_____。
   (3) 测试实际效果，定时电容容量增大，则延时时间_____。当容量增加一倍时，延时时间_____（填"增加"或"减少"）_____倍。
7. 没有声音信号输入时，测试三极管 VT_1 的 b 极电压是_____V，测试三极管 VT_1

的 c 极电压是_____V。

结论：VT_1 的工作状态是_____。

8. 灯点亮时测试 CD4011 的 8、9 脚电压下降到_____V 时灯熄灭。

9. 灯点亮时测试可控硅 VT_2 的 G 极电压是_____，A 极电压是_____，此时，VT_2 的状态是_____；灯熄灭时同样测试可控硅 VT_2 的 G 极电压是_____，A 极电压是_____，此时，VT_2 的状态是_____。

10. 如果电路中没有二极管 VD_1 可不可以？_____。

【评　价】

【故障检修】

一、故障维修的一般过程

（1）接入电源后，如果灯不能按电路要求点亮，则应检查电路。

（2）首先应检查整个电路，看各个管脚有无虚焊，管脚之间是否有短路。

（3）运用电路原理分析，运用维修技巧，判断故障产生的原因，提出解决方法。

二、故障实例

1. 故障现象

夜晚无光线照射、有声音信号时，灯不能点亮。

2. 故障分析

首先我们要了解声光双控节能灯的工作原理，从原理的描述中可知，灯不亮这个"结果"，从根本上看是灯上没有加上电压，形成电流，从本电路看有几种原因能造成灯不亮。

（1）没有电源；

（2）灯坏；

（3）VT_2 的 A、K 之间开路损坏；

（4）VT_2 截止。

从前面的理论分析可知，一个故障现象可以由多种原因造成，如图 9-18 所示。那么怎样判断是哪一个原因引起的故障呢？

根据上述 4 种原因，我们可以按下面要求做。

（1）将怀疑的元件全部换掉。

这是不太方便的办法，有很多不足，主要是浪费材料；

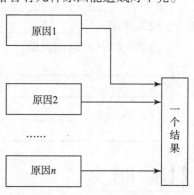

图 9-18　故障的因果关系

没有找到故障的真正原因,不能提高知识水平;如果故障范围大则无法对元件全部更换。

(2) 用万用表测量。

通过运用前面掌握的测量知识,用对各个元件测量电阻的方法来判断元件是否正常,对于怀疑的元件可以用替代法,即用好的元件来试一下。在本电路中,如怀疑灯坏,可以用好的元件在原来元件上并联,如果灯亮了,表明原来的灯损坏。通过对元件电压的测量,可以判断元件是否有故障,如测得 VT_2 的 G 极电压为 0 V,通过前面学习的可控硅知识分析,可以判断灯不亮是由于可控硅处于截止状态引起的。

(3) 用一些技巧。

若怀疑灯坏,可以用镊子将三极管 VT_2 的 A、K 极短路,如果灯不亮,表明故障是灯坏了。

★ 提示:

要学习维修技能,提高维修水平,要善于运用仪表,运用电路分析方法,运用维修方法和技巧。由于电路故障的原因很多,理论分析不可能将所有的故障原因分析到位,只能通过边测量边分析来排除故障。

【做中学】

维修出现的故障。

故障现象:_____

故障原因分析:_____

_____

检测、分析过程:_____

_____

_____

故障点:_____

故障处理:_____

总结:(1) 成功的经验_____

_____

(2) 教训_____

_____

【评 价】

训练与巩固

一、填空题

1. A &—Y 电路符号表示____门，有____出0，全1出____。
2. 单向可控硅有_____极（K）、_____极（A）、_____极（G）。
3. 用数字万用表的_____挡测量单向可控硅。
4. 声光双控节能灯采用的传感器有_____、_____。
5. 绘制PCB图时需绘制光敏电阻的电路符号，所以要创建_____。
6. 绘制光敏电阻时，圆形尺寸为_____比较合适。
7. 单击"⚡"的作用是"_____"。
8. 装配时，应该先插_____元件，后插_____元件。
8. 三极管 VT_1 的ce极击穿，电路产生的故障是_____。
9. 二极管 VD_1 装配时不小心装反，会出现_____的故障。
10. 调试时，必须将_____遮住，否则不能判断电路是否正常。

二、单项选择题

1. 光敏电阻在无光照时（　　）。
①电阻很大　　②电阻不变　　③电阻很小　　④电阻先变小再变大
2. 驻极体话筒是（　　）。
①电阻元件　　②声音传感器　　③电容元件　　④电感元件
3. CD4011是COMS集成块，使用时要特别注意（　　）。
①不能用烙铁焊接　　②要恒温使用
③焊接不能加助焊剂　　④防静电
4. 根据与非门的逻辑关系，输出为低电平时，A、B应该为（　　）
①1、0　　②1、1　　③0、1　　④0、0
5. 如果 R_5 安装时错装了一个阻值为10 kΩ的电阻，则（　　）。
①灯不会亮　　②灯亮时间较长　　③灯亮时间较短　　④灯一直亮

三、多项选择题

1. 稳压管的使用应该是（　　）。
①正向应用　　②反向应用
③稳压值大于输入电压　　④稳压值小于输入电压
2. 驻极体话筒检测时可以用（　　）测量。
①直流电压挡　　②直流电流挡　　③电阻挡　　④交流电压挡
3. 将光敏电阻用黑胶布包住，发出声音，灯不亮，可能的原因是（　　）。

①灯开路   ②可控硅 VT_2 的 A-K 极击穿
③话筒损坏   ④光敏电阻击穿

4. 将光敏电阻用黑胶布包住，发出声音，灯随着声响闪一下，可能的原因是（ ）。
①延时电容 C_2 未接入电路   ②VD_1 隔离二极管开路
③话筒损坏   ④灯损坏

5. 装配前元件应该（ ）。
①清洁   ②成形   ③检测   ④剪引脚

四、判断题（正确的打"√"，错误的打"×"）

1. 如果与非门的输入电平为低，输出电平应该为高。（ ）
2. 测量驻极体话筒时可以用电阻挡。（ ）
3. 可控硅就是三极管的一种，测量方法与三极管一样。（ ）
4. 光控电路调试时，应该断开话筒，防止干扰影响。（ ）
5. 没有发出声响时，用万用表测量 VT_1 的 c 极电压应该为高电平，否则声音放大电路有问题。（ ）

五、简述题

1. 手工绘制原理图（标出元件代号、参数，比例合适、绘制整齐美观）。
2. 结合自己制作的电路，举例分析哪些符合工艺要求？哪些不符合工艺要求？
3. 通过自己的调试和老师讲解，你能否设计出一套更好的调试步骤来？
4. 用网络查出三种不同的稳压管、可控硅，标出型号和技术参数。
5. 到市场了解本电路的价格。
6. 编一份《声光双控节能灯》说明书（字数不限，但要能够将功能叙述清楚）。
7. 如果维修了故障请记录（按照案例模板写出）。

项目十

串联稳压电源

【情景描述】

电源是各种电子产品的供电源,每件电子产品都有电源供电,如手机、电脑等。电源根据工作的方式不同分为串联稳压电源和开关电源。目前开关电源发展迅速,但在某些场合中串联稳压电源仍然使用,而且学习串联稳压电源的原理、制作及调试可以获得许多模拟电子电路的知识。

【任务分解】

➢ 任务一 串联稳压电源的工作原理
➢ 任务二 串联稳压电源的制作
➢ 任务三 串联稳压电源的调试

任务一 串联稳压电源的工作原理

【学习目标】

◆ 掌握串联稳压电源的构成。
◆ 学习整流、滤波原理。
◆ 学习串联稳压电源的工作原理。
◆ 了解LM7805三端稳压集成块和稳压管的工作原理及特点。

图10-1是本项目要制作的由分立元件和LM7805三端稳压集成块构成的电路原理图。

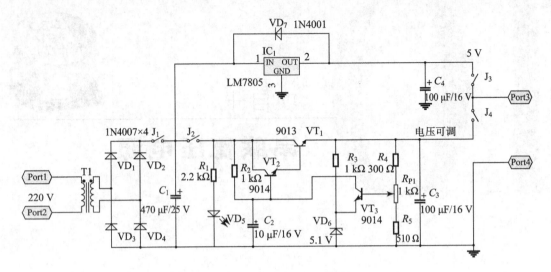

图 10 - 1　串联稳压电路原理图

【串联稳压电源的构成】

串联稳压电源方框图如图 10 - 2 所示。

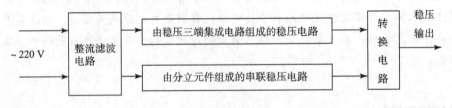

图 10 - 2　串联稳压电源方框图

电源电路公共部分分别由变压、整流、滤波电路组成，利用两个短路帽 J_1、J_2 的连接使电源输出只有一组，其余部分由两组相互独立的稳压电源构成。分别是：由分立元件组成的电压输出可调的串联稳压电源及由 LM7805 稳压三端集成块组成的单一电压输出的稳压电源。

【由分立元件组成串联稳压电源原理】

本次制作的串联稳压电源是单相小功率电源，它将频率为 50 Hz、电压有效值为 220 V 的交流电源转换成幅值稳定，输出电流在 500 mA 以下的直流电源。直流稳压电源一般由降压变压器、整流电路、滤波电路和稳压电路四个部分组成。整流电路将交流电变成脉动的直流电，滤波电路可以减少脉动成分，稳压电路可以使输出电压基本保持稳定。图 10 - 3 是分立元件构成的电源方框图。

一、变压

通过电源变压器将 220 V 交流电变为电路所需的 12 V 交流电。

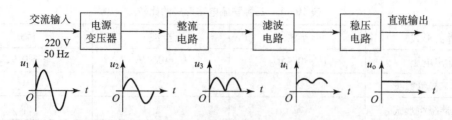

图 10-3 串联稳压电路的组成

变压器可将一种电压的交流电变换为同频率的另一种电压的交流电，变压器的主要部件是一个铁芯和套在铁芯上的两个绕组。图 10-4 是变压器文字符号和电路图形。

变压器有两个线圈绕组，其中与电源相连的线圈，接收交流电能，称为一次绕组也叫初级线圈；与负载相连的线圈，送出交流电能，称为二次绕组也叫次级线圈。

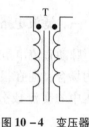

图 10-4 变压器

变压器的变压关系公式为：

$$U_1/U_2 = N_1/N_2$$

其中：U_1 是变压器初级的输入交流电压，U_2 是变压器次级的输出交流电压；N_1 是变压器初级绕组的线圈匝数，N_2 是变压器次级绕组的线圈匝数。

★ 提示：

变压器只能对交流电电压进行变压转换，不能转换直流电。根据初级、次级电压之比不同，变压器有降压和升压变压器之分；根据频率的不同，分低频和高频变压器。本项目的变压器是低频即频率为 50 Hz 的工频变压器。

二、整流电路

利用二极管的单向导电特性将交流电变换成直流电的电路称为整流电路。单相整流电路一般可分为半波整流电路、全波整流电路和桥式整流电路。

(1) 如图 10-5 (a)、(b)、(c) 分别为单相半波整流电路、全波整流电路、桥式整流电路。

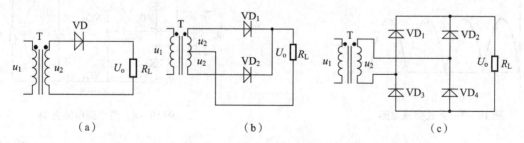

图 10-5 半波、全波、桥式整流电路

(2) 半波、全波和桥式整流电路的比较见表 10-1。

表 10-1　三种整流电路形式的比较

整流形式	半波	全波	桥式
输出电压	$U_o \approx 0.45U_2$	$U_o \approx 0.9U_2$	$U_o \approx 0.9U_2$
整流二极管数量	1	2	4
变压器绕组形式	单	双	单

说明：U_2 是交流电压 u_2 的有效值，U_o 是整流后的直流平均电压。

三、滤波电路

脉动直流电虽然其方向不变，但电压幅度仍有较大变化，仅适用于对直流电压要求不高的场合，而在很多设备中，要求电源电压平滑，此时可采用滤波电路来滤除脉动直流电压中的交流成分。常见的电路形式有：电容滤波电路、电感滤波电路和复式滤波电路等。

1. 电容滤波电路的组成及基本工作原理

在全波整流电路和桥式整流电路中接入电容器后进行滤波与半波整流电路工作原理是一样的，不同点是在 u_2 全周期内，电路中总有二极管导通，图 10-6 为桥式整流滤波原理图。

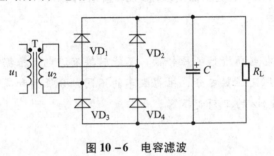

图 10-6　电容滤波

图 10-7 为桥式整流后的直流电压波形 U_o。在桥式整流中前半个周期，变压器输出的电压为上正下负，如图 10-8 所示。这时电流经过 VD_2 对负载供电，再经 VD_3 回到变压器。

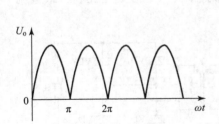

图 10-7　桥式整流波形

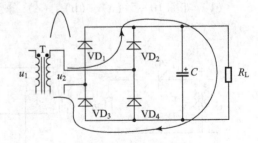

图 10-8　前半周电流方向

后半个周期，变压器上的电压上负下正，如图 10-9 所示，这时电流经过 VD_1 对负载供电，再经 VD_4 回到变压器。

所以 u_2 在一个周期中对电容器 C 有两次充电，电容器 C 向负载放电时间缩短，输出电压更加平滑，平均电压值也自然升高，如图 10-10 所示。

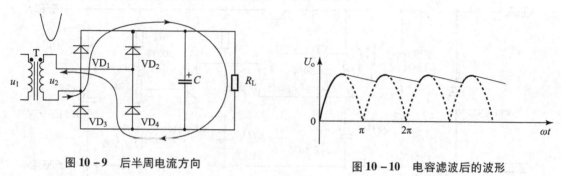

图 10-9 后半周电流方向　　　　图 10-10 电容滤波后的波形

2. 电容滤波电路负载两端直流电压的近似计算

半波整流电容滤波电路：

$$U_o \approx (1 \sim 1.11)U_2$$

式中　U_o——整流滤波输出电压；
　　　U_2——交流电压有效值。

全波、桥式整流电容滤波电路：

$$U_o \approx 1.2U_2$$

四、串联型可调直流稳压电路

整流滤波电路将交流电源变换成较为平滑的直流电源，但输出电压会随着电网电压波动而波动，或随着负载电阻的变化而变化。为了获得稳定的直流电压，必须采取稳压措施。常见的稳压电路有稳压管稳压电路、串联型稳压电路，集成稳压电路和开关型稳压电路等。

串联型稳压电路，是利用输出电压微小变化量 ΔU_o，通过一级直流放大器将 ΔU_o 放大，用放大的电压变化量去控制电压调整管发射结电压 U_{be}，使电压调整管的 U_{ce} 有明显的变化，就可以使稳压效果大为改善。

串联型直流稳压电路由取样、基准电压、比较放大、电压调整等电路组成，方框图如图 10-11 所示。

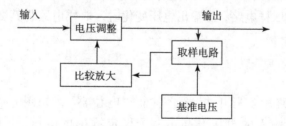

图 10-11 稳压电路的构成

其原理图如图 10-12 所示。

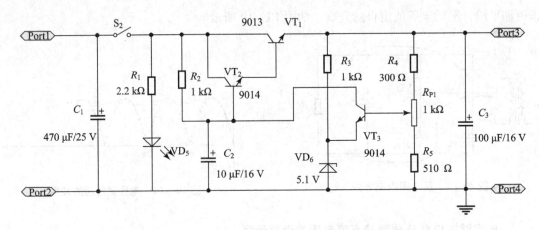

图 10 – 12　分立元件构成的串联稳压电路原理图

1. 元件作用

C_1、C_2 为滤波电容。

C_3 在电路中起稳定电压的作用。

VT_1 是电源调整管，VT_2 是电流放大管。VT_1、VT_2 组成复合管，用作电压调整。如图 10 – 13 所示由 NPN 型管和 PNP 型管组成复合 NPN 型管或复合 PNP 型管，复合管的电流放大倍数 $\beta = \beta_1 \times \beta_2$，其中 β_1 是 VT_1 的电流放大倍数，β_2 是 VT_2 的电流放大倍数。

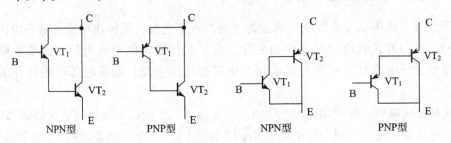

图 10 – 13　复合管

VT_3 是比较放大管，R_2 既是 VT_3 的集电极负载电阻，又是 VT_2 的基极偏置电阻。

R_3、VD_6 提供比较放大管 VT_3 发射极的基准电压。

R_4、R_{P1}、R_5 组成取样电路，当输出电压变化时，取样电路将其变化量的一部分取出送到比较放大管 VT_3 的基极。

2. 基本工作原理

VT_1 调整管在电路中实际上相当于一个"电位器"，如图 10 – 14 所示，当外部输入的电压升高，为了稳定输出的电压，"电位器"阻值变大，使输入的电压能够减少一部分电压给输出负载，稳定输出的电压；同样，当外部输入的电压下降，为了稳定输出的电压，"电位器"阻值变小，使输入的电压能够增加一部分

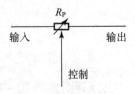

图 10 – 14　稳压等效图

电压给输出负载,稳定输出的电压。当负载变化,引起输出电压上升,"电位器"阻值增加,使输入的电压能够减少一部分电压给输出负载,稳定输出的电压;同样,当负载变化,引起输出电压下降时,"电位器"阻值减少,使输入的电压能够增加一部分电压给输出负载,稳定输出的电压。

电路控制过程如下:

当 U_i 减小或负载电阻减小时,U_o 有下降的趋势,则稳压的过程如下:

$$U_i \downarrow \to U_o \downarrow \to U_{bVT3} \downarrow \to U_{beVT3} \downarrow \to I_{bVT3} \downarrow \to I_{cVT3} \downarrow \to U_{cVT3} \uparrow \to U_{bVT2} \uparrow$$
$$\uparrow \qquad\qquad\qquad\qquad\qquad\qquad\qquad\qquad\qquad\qquad\qquad\qquad\qquad \downarrow$$
$$U_o \uparrow \longleftarrow U_{ceVT1} \downarrow \leftarrow I_{cVT1} \uparrow \leftarrow I_{bVT1} \uparrow \leftarrow I_{cVT2} \uparrow \leftarrow I_{bVT2} \uparrow$$

当 U_i 增大或负载电阻增大时,U_o 有升高的趋势,则稳压过程相反,即:

$$U_i \uparrow \to U_o \uparrow \to U_{bVT3} \uparrow \to U_{beVT3} \uparrow \to I_{bVT3} \uparrow \to I_{cVT3} \uparrow \to U_{cVT3} \downarrow \to U_{bVT2} \downarrow$$
$$\uparrow \qquad\qquad\qquad\qquad\qquad\qquad\qquad\qquad\qquad\qquad\qquad\qquad\qquad \downarrow$$
$$U_o \downarrow \longleftarrow U_{ceVT1} \uparrow \leftarrow I_{cVT1} \downarrow \leftarrow I_{bVT1} \downarrow \leftarrow I_{cVT2} \downarrow \leftarrow I_{bVT2} \downarrow$$

在电路的控制中,VT_1、VT_2、VT_3 处在放大状态,电流的放大符合

$$I_c = \beta \cdot I_b$$

由于在串联稳压过程中对电压的调整是由调整管产生"阻挡"来起作用的,能量部分消耗在"阻挡"元件上,故串联稳压电源的效率较低,发热严重,一般用在小功率的电路中。

【LM7805 构成的电源】

LM7805 三端集成稳压器是将功率调整管、误差放大器、取样电路等元件做在一块硅片内,构成一个由不稳定输入端、稳定输出端和公共端组成的集成芯片。其稳压性能优越而售价不贵,使用安装十分方便。它还设有过流和短路保护、调整管安全工作区保护以及过热保护电路,以确保稳压器可靠工作。其方框图如图 10 – 15 所示。

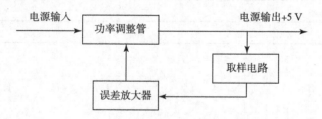

图 10 – 15 LM7805 三端集成稳压器

LM7805 实际上可以看作前面介绍的串联稳压电路的集成化元件。分立元件的稳压电源有电位器,输出的电压可调,LM7805 只能固定输出 + 5 V 电压。

★ 提示:

LM7805 是三端稳压器的一种,此类元件主要有 78×××和 79×××系列。78×××系列输出的为正电压,79×××系列输出的为负电压。不管是 78×××系列还是 79×××系

列，它们后面两位××表示输出的电压高低。

【课堂练习】

1. 变压器能不能对直流电进行变压？_____。
2. 串联稳压电源由_____、_____、_____、_____构成。
3. 变压器可以变换交流电压、_____、_____。
4. 整流电路的功能是将交流电转换成_____，常用的整流电路有_____、_____和_____三种整流电路。
5. 整流电路可以分为_____，有____个整流管；_____，有____个整流管；_____，有____个整流管。
6. 整流后的电压是直流电吗？_____。
7. 滤波电路的作用是_____，桥式整流滤波后的电压值是交流电压有效值的_____倍；半波整流滤波后的电压值是交流电压有效值的_____倍。
8. 串联稳压电源就是一种将脉动直流电转换为稳定直流电的装置，主要由_____电路、_____电路和_____电路三部分组成。
9. 稳压电路由哪几部分构成？（ ）（多选）
①取样电路　　②整流电路　　③基准电路　　④调整电路
10. 稳压管的稳压值如果变化了，则输出电压也会____，稳压值低，则输出电压变____，稳压值高，则输出电压变____。
11. LM7805是_____器件。
12. 复合管的电流放大倍数是_____。
13. 简述稳压电源的工作原理。
_____
_____
_____
_____

【评　价】

任务二　串联稳压电源的制作

【学习目标】

◆ 学习电子产品制作工艺流程。
◆ 学习PCB印刷电路板的制作工艺。

◆ 掌握电路的测量、装配、焊接的技能。

【制作工艺流程】

一、制作的工艺流程

准备→熟悉工艺要求→绘制装配草图→核对元件数量、规格、型号→元件检测→元器件预加工→电路板装配、焊接→总装加工→检验。

二、准备

将工作台整理有序，工具摆放合理，准备好必要的物品。

三、熟悉工艺要求

认真阅读电气原理图和工艺要求。

四、清点元件

按配套明细表核对元件的数量和规格，应符合工艺要求，如有短缺、差错应及时补缺和更换。

五、元件的检测

用万用表的电阻挡对元器件进行逐一检测，对不符合质量要求的元器件剔除并更换。

【做中学】

1. 写出制作的工艺流程_____
_____
2. 测量变压器的初级和次级的电阻值。通过测量，得出什么结论？
初级线圈的电阻值_____；次级线圈的电阻值_____。
结论：_____。
3. 根据电路原理图和制作、调试要求，编制元件、材料清单，并在表 10–2 中列出。

表 10–2 准备的工具

工具	数量	工具	数量	工具	数量

【评　价】

【PCB 的制作】

一、制作材料

（1）覆铜板。

主要是选择基板的绝缘材质，对于简单电路，可以选择比较便宜的酚醛纸质层压板或环氧玻璃布层压板。

（2）质量良好的油性笔。

（3）蚀刻液。

一份三氯化铁和两份水的重量配制三氯化铁溶液——蚀刻液，注意保管，防止污染环境。

（4）容器。

由于蚀刻液有腐蚀作用，只能用塑料、搪瓷、陶瓷等容器。

（5）夹子。

夹覆铜板的工具用塑料或竹制品，不能使用金属材料的夹子。

二、底图的设计原则

设计印制电路底图方法：先要根据元件的尺寸、重量、电气上的连接关系及散热效果等确定电路中各元器件的排列，元器件必须安排在同一面上，同类元件尽可能朝同一方向排列。

根据通过的电流大小确定印制板的连线宽度，可按 1 mm 宽的连线允许 1 A 电流计算。在板面允许的条件下，要尽量取得宽些，以保证电气和机械方面的质量。电源线和地线要尽可能取得宽些，以减少线上的压降，提高可靠性。

相邻两条连线之间的间距不小于线宽，如相邻两条线之间有较高的电压，可按 1.0 ~ 1.5 mm 的间距，其容许电压为 200 ~ 300 V 的计算确定其间距。

印制板的四周要空出 5 ~ 10 mm 的边框。

三、印制板草图设计

印制板草图就是绘图在坐标图纸上的印制板图，一般用铅笔绘制，便于绘制过程中随时调整和涂改。它是黑白图的依据，是产品设计中的正规资料。草图要求将印制板的外形尺寸、安装结构、焊盘孔位置、导线走向均按一定比例绘制出来。黑白图是将设计好的草图过渡到铜板纸上绘制而成。

草图的具体绘制步骤如下：

（1）按设计尺寸画方格纸或使用坐标纸。

（2）画出板面轮廓尺寸，留出板面各工艺孔的空间，而且还要留出图纸技术要求说明空间。

（3）用铅笔画出元器件外形轮廓，小型元件可不画出轮廓，但要做到心中有数。

（4）标出焊盘位置，勾勒印制导线。

（5）复核无误后，擦掉外形轮廓，用铅笔重描焊点和印制导线。

（6）标明焊盘尺寸、线宽，注明印制板技术要求。

四、焊盘与铜膜导线

1. 焊盘

在电路板中，焊盘的作用是放置焊锡、连接导线和元件引脚。它由安装孔及周围的铜箔组成。

（1）焊盘的尺寸。

焊盘的尺寸取决于安装孔的尺寸，安装孔在焊盘的中心，用于固定元器件引线。显然，安装孔的直径应稍大于元器件引线的直径，一般安装孔的直径最小应比元器件引线直径大 0.4 mm，但最大不能超过元器件引线直径的 1.5 倍，否则在焊接时，不仅用锡量多，并且会因为元器件的活动造成虚焊，使焊接的机械强度变差。

（2）焊盘的形状。

焊盘的形状和尺寸要有助于增强焊盘和印制导线与绝缘基板的粘贴强度，而且也应考虑焊盘的工艺性和美观。常见的焊盘有以下几种：

①圆形焊盘。

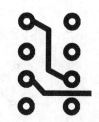

如图 10 – 16 所示，焊盘与安装孔是同心圆，焊盘的外径一般为孔径的 2～3 倍。同时，如果印制电路板的密度允许，焊盘不宜过小，否则焊接中容易脱落；同一块印制电路板上，除个别大元件需要大孔以外，一般焊盘的外径应取为一致，这样不仅美观，而且容易绘制。

图 10 – 16　圆形焊盘

②岛形焊盘。

如图 10 – 17 所示，焊盘与焊盘之间结合为一体，犹如水上小岛，故称为岛形焊盘。它常用于不规则排列，特别是当元器件采用立式不规则固定时更为普遍，收录机、电视机等家用电器都采用这种焊盘。岛形焊盘可大量减少印制导线的长度和根数，并能在一定程度上抑制分布参数对电路造成的影响。此外，焊盘与印制导线合为一体后，铜箔面积加大，使焊盘和印制导线的抗剥强度增加。

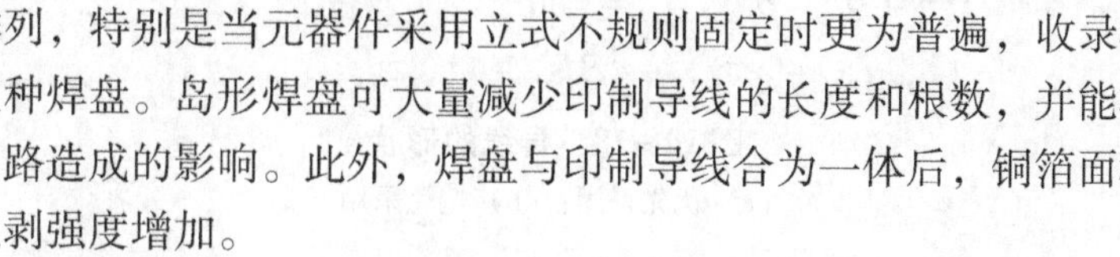

图 10 – 17　岛形焊

2. 铜膜导线

铜膜导线也称铜膜走线，简称导线，用于连接各个焊盘，是印制电路板最重要的部分，印制电路板设计都是围绕如何布置导线来进行的。

（1）印制导线的宽度。

由于印制导线具有一定的电阻，当有电流通过时，一方面会产生电压降，造成信号电压的损失或造成电流经地线产生寄生耦合；另一方面会产生热量，当导线流过电流较大时，产生的热量多，造成印制导线的粘贴强度降低而剥落。因此，在设计时应考虑印制导线的宽度，一般印制导线的宽度可在 0.3~2.0 mm，实验证明若印制导线的铜箔厚度为 0.05 mm，宽度为 1 mm，允许通过 1 A 的电流；宽度为 2 mm 的导线允许通过 1.9 A 的电流，因此，可以近似认为导线的宽度等于载流量的安培数。所以，导线的宽度可选在 1~2 mm，就可以满足一般电路的要求。对于集成电路的信号线，导线宽度可以选在 1 mm 以下，但为了保证导线在板上抗剥强度和工作可靠性，线条不宜太细。只要板上的面积及线条密度允许，应尽可能采用较宽的导线，特别是电源线、地线及大电流的信号线，更要适当加大宽度。

（2）导线的间距。

在正常情况下，导线间距的确定应考虑导线之间击穿电压在最坏条件下的要求。在高频电路中还应考虑导线的间距将影响分布电容、电感的大小，从而影响电路的损耗和稳定性，一般情况下，建议导线的间距等于导线宽度，但不小于 1 mm。实验证明，导线间距为 1 mm 时，工作电压可达 200 V，击穿电压为 150 V。因此，导线间距在 1~2 mm 就可以满足一般电路的需求。

（3）导线的形状。

导线的形状如图 10-18 所示，由于印制电路板的铜箔粘贴强度有限，印制导线的图形如设计不当，往往会造成翘起和剥脱，所以在设计印制导线的形状时应遵循以下原则：

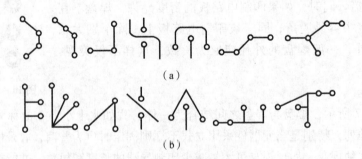

图 10-18 导线的形状
(a) 优先采用；(b) 避免采用

①印制导线不应有急剧的弯曲和尖角，最佳的拐弯形式是用平缓的过渡，拐角的内、外角最好都是圆弧，其半径不得小于 2 mm。

②导线与焊盘的连接处也要圆滑，避免出现小尖角。

③导线应尽可能地避免分支，如必须有分支，分支处应圆滑。

④导线通过两个焊盘之间而不与之连通时，应该使与它们的间距保持最大，而且相等。同样，导线之间的间距也应该均匀相等并且保持最大。

五、利用 Protel DXP 2004 绘制的 PCB 图

本项目中有一些元件需要绘制修改封装，如变压器等，按照项目八所学知识进行绘制和修改。

由于稳压电源电流较大，为了减少导线压降，同时为了加强导线、焊盘的机械强度，绘图时应该对导线加覆铜，下面介绍加覆铜区的方法。

（1）在 PCB 工作区的工具栏中，单击如图 10 - 19 所示的"放置铜区域"图标。

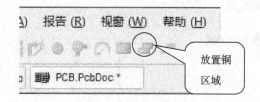

图 10 - 19　放置铜区域

（2）在 PCB 图中需要放置的区域，如图 10 - 20 所示地线处。

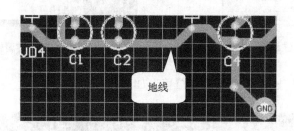

图 10 - 20　在地线处放置覆铜

（3）在需要覆盖的区域选择起始点，如图 10 - 21 所示。选择"1"后单击鼠标的"左键"，然后移动到"2"单击鼠标的"左键"，再继续选择"3"，需要结束时单击鼠标的"右键"即可。

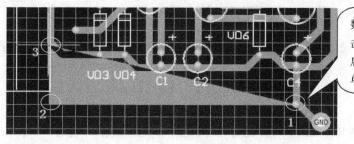

图 10 - 21　覆铜放置过程

（4）完成覆盖后的情况如图 10 - 22 所示。

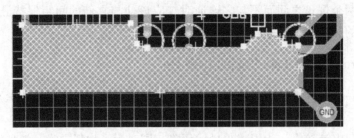

图 10-22 覆铜放置完成图

(5) 双击鼠标"左键"弹出的界面如图 10-23 所示。选择"网络"中被覆盖的电源线"网络",如图 10-24 所示选择"GND"。

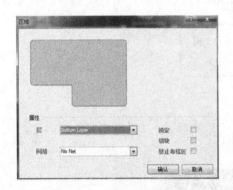

图 10-23 区域属性设置

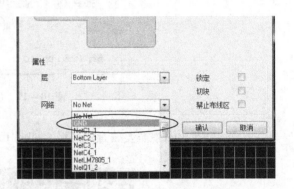

图 10-24 在属性中选择 GND

(6) 单击"确认"按钮完成铜区域覆盖,如图 10-25 所示。

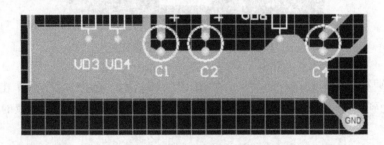

图 10-25 铜区域完成设置的情况

(7) 继续按照同样方法操作,完成其他需要覆盖的区域。完成的 PCB 参考图如图 10-26 所示。

★ 提示:

后续装配时,要注意图 10-26 中的覆铜面在"外层",元件面在"里层",可以理解为覆铜面盖住了元件面,所以装配时元件要从图 10-26"里朝外"插件才正确。

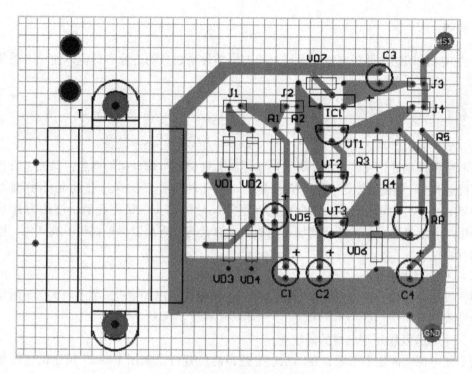

图 10 – 26　完成的 PCB 参考图

六、自制印制电路板的方法

1. 转印印制电路图

根据设计的印制电路板的尺寸形状，将覆铜板裁好，用细砂纸或少量去污粉把铜箔表面的氧化物去掉，用清水洗干净，再用干净的布擦干或晾干，将设计好的印刷电路板图通过打印机按 1:1 比例打印出来，用复写纸垫在覆铜板上，在复写之前，注意检查电路的方向，用胶带把电路图和覆铜板粘牢，用圆珠笔或铅笔描好全图，安装孔用圆点表示，经仔细检查后再揭开复写纸。

2. 绘制印制电路板连线

当用复写纸画好后，覆铜板上会留下很清楚的蓝线条，然后用油性笔顺着覆铜板上的蓝线条描绘，如果不小心描错，必须用小刀将油性笔迹刮掉，保证描绘的线条与 PCB 图一致。这时，设计的电源 PCB 图就印在覆铜板上了。

3. 蚀刻印刷电路板

用一份三氯化铁和两份水的重量配制三氯化铁溶液——蚀刻液，把它倒入塑料盆中待用。把制作好的印制电路板放入三氯化铁蚀刻液进行浸泡蚀刻，将线路板面朝上放，便于观察。水温在 40 ℃ ~ 50 ℃，等到蚀刻好后用细砂纸轻轻打磨露出铜膜导线。

4. 修板

将蚀刻好的印制电路板与原图对照,用刀修整导电线条的边缘和焊盘,使导电线条平滑无毛刺。

5. 钻孔

(1) 元件插孔。

用电钻在焊盘处钻孔。为了使焊锡易于填满元件引脚与焊盘间的空隙,保证引脚和电路板之间接触良好,对孔的尺寸要严格控制。一般孔的直径只比穿过孔的元件引脚直径大 0.2~0.5 mm。对不同的元件,焊盘孔选择不同尺寸的钻头。钻完孔后,应用刀片刮去毛刺,并用细砂纸打磨平,在所有孔加工完成后,涂几遍松香水以保护铜膜不被氧化,增加元器件的可焊性。

(2) 变压器固定孔。

根据设计要求或直接用变压器实物打样,在印制板描出固定孔,如图 10-22 所示,用合适的钻头打孔。

(3) 电源线及稳压输出线的固定孔。

为了使电源线固定和牢固,在印制板上适当的位置打出如图 10-27 所示的电源输入及输出线孔。

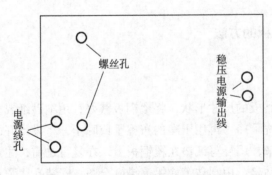

图 10-27 电源线与输出线安装孔

【做中学】

1. 焊盘的作用是放置_____、连接导线和元件_____。
2. 一般安装孔的直径最小应比元器件引线直径大____mm,但最大不能超过元器件引线直径的_____倍,否则在焊接时,不仅用锡量多,而且容易_____。
3. 如果印制电路板的密度允许,焊盘不宜过____,否则焊接中容易____。
4. 岛形焊盘与印制导线合为一体后,铜箔_____加大,使焊盘和印制导线的_____增加。
5. 铜膜导线也称铜膜走线,简称导线,用于连接各个_____,印制电路板设计都是围绕如何布置_____来进行的。

6. 只要板上的面积及线条密度允许，应尽可能采用_____的导线，特别是_____线和_____线及大电流的信号线，更要适当加大_____。

7. 导线间距的确定应考虑导线之间_____在最坏条件下的要求。本电路有 220 V 交流电输入，使用布线要考虑导线_____。

8. 钻完孔后，应用刀片刮去毛刺，并用细砂纸打磨平，并在所有孔加工完成后，涂几遍_____以保护铜膜不被_____，以增加元器件的_____。

9. 电位器的封装在 Protel 中没有，要自己画，在工程项目中进入_____库。

10. 印制电路板的蚀刻液会_____环境，也会对金属产生蚀刻，所以蚀刻液必须放置在_____容器里。

11. 没有加装散热器的 LM7805 设计焊盘时要考虑到（　　）。
①焊盘一字排列　　　　②焊盘呈三角形　　　③不要考虑

12. 蚀刻覆铜板的材料是（　　）。
①三氯化铁　　　　②氢氧化钠　　　　③盐酸　　　　④氯化钠

13. 绘制 PCB 图，若库中没有实际元件的封装，应该（　　）。
①建立库文件绘制封装　　　　　　②建立原理图文件
③没有办法绘图了　　　　　　　　④建立工程文件

14. 如何将绘制的 PCB 图转印至覆铜板上？
_____
_____。

15. 按照制板要求完成稳压电源 PCB 板的制作（设计、转印、蚀刻、钻孔等）。

【评　价】

【元件的装配】

一、元件加工工艺要求

三极管、稳压三端的成形如图 10-28 所示。三极管、LM7805 的引脚成三角形，这样插入后比较稳定，不易折断。

二、变压器的安装和电源线的连接与固定

印制板上有两个螺丝孔，将变压器放置在印制板上，对准变压器的安装孔，如图 10-29 所示，将螺丝装入，用螺帽将变压器与线路板固定好。

三、电源线、稳压输出线的固定

电源线从元件面的工艺孔穿入后再穿入元件面并打一个结，注意线的长度不能太短，然

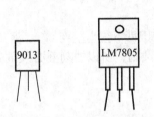

图 10-28 三极管稳压三端的成形

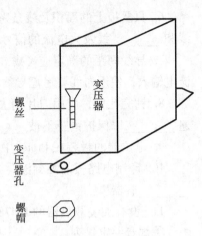

图 10-29 螺丝的安装

后再与变压器初级引线连接用锡焊好,检查连接好的线是否太紧,并穿上绝缘套管或用电工胶带包好,如图 10-30 所示。稳压输出线如图 10-31 安装。通过这种方式,线不容易被拉断。

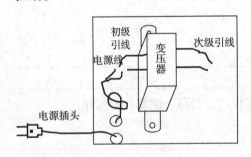

图 10-30 电源线的固定

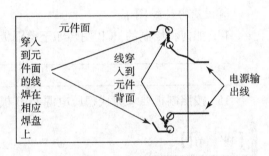

图 10-31 稳压输出线的固定

【课堂练习】

1. 本电路元件装配的顺序,先安装_____、_____等元件,最后安装_____。
2. 三极管和稳压三端安装时引脚为什么要成三角形?_____
3. 思考:还有什么更好的方法加固电源线?

【评 价】

任务三　串联稳压电源的调试

【学习目标】

◆ 学习稳压电源的调试方法。
◆ 学会用示波器测量整流、滤波波形，理解其原理。
◆ 通过稳压电源的调试，理解稳压原理。

【电路的调试】

一、目测检查

对照原理图和装配图，检查元件的选择和连接是否有误，元件之间有无短路等现象。如有，将错误纠正。

二、通电后的检查

将 J_1 的短路帽拔出，用万用表测量整流后的电压是否正常，正常值应有交流 12 V，表明变压器的连线正确，变压器正常。关电，拔出 J_2 的短路帽，接上 J_1 的短路帽，插上电源线，这时整机指示发光管亮。测量电压应为 12 V 左右，接上 J_2、J_4 短路帽，不接 J_3 时测量稳压输出端，应有 7~12 V 的电压，表明分立元件组成的串联稳压输出电压基本正常。

【做中学】

1. 看原理图，测试电路的关键点电压并设计出表格记录数据：
① 调整电位器使电压输出最低，记录 VT_1、VT_2、VT_3 各极及 VD_6 负极电压。
② 调整电位器使输出中点电压，记录 VT_1、VT_2、VT_3 各极及 VD_6 负极电压。
③ 调整电位器使电压输出最高，记录 VT_1、VT_2、VT_3 各极及 VD_6 负极电压。

通过测量过程，请你分析一下电路稳压的原理：
_____
_____
_____

2. 将 J_1 的短路帽拔出,利用示波器测量变压器初级波形、整流后的波形,在表 10-3、表 10-4 中用铅笔画出波形,标出频率、幅度、量程范围。

表 10-3 J_1 拔出后变压器次级的波形、周期、幅度及量程范围

J_1 拔出后,变压器次级的波形	周期	幅度
	量程范围	量程范围

表 10-4 J_1 拔出后整流后的波形、周期、幅度及量程范围

J_1 拔出后,整流后的波形	周期	幅度
	量程范围	量程范围

拔出 J_2 短路帽,接上 J_1 的短路帽,利用示波器测量变压器初级波形、整流后的波形,在表 10-5、表 10-6 中用铅笔画出波形,标出频率、幅度、量程范围。

表 10-5 画出变压器次级的波形,标出周期、幅度及量程范围

拔出 J_2,接上 J_1 后,变压器次级的波形	周期	幅度
	量程范围	量程范围

表 10-6　画出整流后的波形，标出周期、幅度及量程范围

拔出 J_2，接上 J_1，整流后的波形	周期	幅度
	量程范围	量程范围

3. 电压测量和数据分析（空载）

（1）用万用表电压（交、直流）挡测量整流滤波电路的电压，并将测量结果记录在表 10-7 中（拔出 J_2、J_1 后电路只有整流作用，接上 J_1 的短路帽，整流电路接上滤波电容）。

表 10-7　记录整流滤波电路的输入、输出电压值

电路形式	变压器次级输入电压（用电压_____挡）	整流后输出电压（用电压_____挡）	
		无滤波电容	带滤波电容
桥式整流			

分析整流后输出电压有何不同？为什么？
_____

（2）用万用表电压_____挡（交流、直流），测量稳压电源各级电压值，并将测量结果记录在表 10-8 中。

表 10-8　电压测量记录

	整流滤波电容电压	基准电压	稳压后输出电压
调输出电压最大			
调输出电压最小			

输出电压变化，但基准电压_____，整流滤波电压也_____。
为什么？_____
_____

（3）拔出 J_4，插上 J_3，测量稳压输出的电压_____。这时输出电压由_____提供。

【评　价】

【故障检修】

电源的维修,首先要了解电路的因果关系,即了解电路的工作原理,每个元件的作用,了解某个元件产生偏差或损坏时电路出现的故障现象。

下面分析3种不同的故障现象来说明故障的检修思路和方法。

一、故障现象:无指示灯

1. 故障分析

指示灯在本电路中接在整流滤波后,灯没有亮,说明有两个原因,一是发光二极管损坏,二是发光二极管没有电流流过。

2. 检查过程

由于在线(指元件在电路板上未拆下)测量元件不方便,所以用电压法检查。万用表拨到直流电压挡20 V(原因是整流滤波后的直流电压为14 V左右),测滤波电容C_1上的电压值,如没有,检查整流前的电路,即变压器的次级电压(交流电压12 V),如还没有,要拨下电源线,用电阻挡测量变压器是否开路,如开路,变压器坏,换上好的即可。如测量变压器是好的,可以采取断开法,将变压器的次级引线焊下,通电,测量次级线圈上有无交流电压(12 V),如无,变压器坏,换掉;如有电压,接到电路上又无电压,说明整流电路有短路现象,短路使次级输出的电压为0,一般是整流二极管装反了(为什么会使交流电压短路,可以自己分析原因),改正即可。如果测量C_1上有电压,只要检查限流电阻R_1和发光二极管VD_5是否连线正确,发光二极管VD_5是否装反,可以用电压法检查,也可以用电阻法检查。

3. 检修结果

将最终的检查结果找出,写出原因并记录。

二、故障现象:输出电压高并且不可调

1. 故障分析

根据因果关系,我们要了解电压输出为什么会高的原因。从电路原理分析,输出的电压由整流滤波后的电压经过调整管VT_1的调整来提供。现在电压高,说明调整管处在导通状态或调整管击穿(通过电阻挡测量 ce 极电阻可以判断),整流滤波的电压通过VT_1未经调整全部加到了输出端。那么什么原因造成VT_1导通呢?我们学习了稳压调整的原理知道,VT_1的 b 极电流过大,原因是VT_2的I_c电流大,即VT_2的I_b电流大;VT_2的I_b电流大,是由于VT_3的I_c过小了,对VT_2的I_b分流作用小了,VT_3的I_c是由VT_3的I_b控制的。VT_3的I_b是由取样电阻、电位器、稳压管控制的。那么,造成电压输出过高到底是什么原因?我们可以通过测量来判断。

2. 检修过程

通过以上原因分析来指导我们的维修。我们用电压法测量，测量 VT_3 的 c 极电压，测量的电压值正常不正常，怎样判断？我们可以找一个正常的电源，测量这一点来对比，这叫对比法。如电压高了，可以判断是取样电路有问题，要检查取样电路。还有一个动态测量方法，就是测量 VT_3 的 c 极电压，同时调动电位器 R_{P1}，根据电路原理，这时 c 极电压会变动，通过这样的测量，我们可以分析电压是否正常，来判断故障所在部位。如果 VT_3 的 c 极电压不变，则重点检查取样电路的连接线是否正确，VT_3 是否装错，是否损坏，取样电阻有无问题等情况。如果电压变动正常，则 VT_2 有问题，查查 VT_2 是否击穿等情况即可。

三、故障现象：输出电压低并且不可调

1. 故障分析

这个故障的原因，与第二例故障情况差不多，只不过电压表现相反，如 VT_1 处在截止或导通程度差的状态，原因可能是 VT_2 截止，VT_3 导通程度大，对 VT_2 的 b 极电流的分流作用大等。

2. 检修过程

与第二例故障中检修过程相似，测量 VT_3 的 c 极电压，通过分析 c 极电压变化来判断故障所在部位。

【做中学】

维修出现的故障。

故障现象：_____

故障原因分析：_____
_____
_____

检测、分析过程：_____
_____
_____
_____

故障点：_____
故障处理：_____
总结：（1）成功的经验_____
_____
_____

（2）教训_____
_____

【评 价】

训练与巩固

一、填空题

1. 串联稳压电源由_____、_____、_____、_____构成。
2. 变压器可以变换交流电压值、_____、_____。
3. 电位器的封装在 Protel 中没有，要自己画，在工程项目中进入_____库。
4. 调整电位器，输出电压应该会变化，看图 10-1，将电位器动臂往上调，电压应该变_____，电位器动臂往下调，电压应该变_____。
5. LM7805 是_____。
6. 如果稳压电源输出低，用电压挡可以测量 VT_1 _____的电压，观察是否正常。如不正常，则要检测_____、_____。
7. 本电路调试时需要_____、_____等仪器。
8. 制作工艺准备工作包括：熟悉工艺要求→_____→核对元件数量、规格、型号→_____→元器件预加工→电路板装配、焊接→_____→自检。

二、单项选择题

1. 本电路是降压变压器，初级电阻与次级电阻相比（　　）。
①相同　　　　②初级电阻小　　　　③初级电阻大　　　　④不一定
2. 由于印制导线具有一定的（　　），当有电流通过时，会产生电压降。
①电感　　　　②电容　　　　③电阻　　　　④干扰
3. 制作 PCB 板的流程进行到蚀刻后，下一步应该是（　　）。
①钻孔　　　　②修板　　　　③描图　　　　④绘图
4. 电路装配过程中，变压器应该（　　）。
①最先装好　　　　②最后装好
③装好整流管就可以装了　　　　④没有要求
5. 导线设计时（　　）。
①只要注意导线宽度　　　　②只要注意导线间距
③要注意导线、间距宽度　　　　④都不考虑
6. 安装电路时不小心将稳压管装反，通电之后会出现（　　）。
①冒烟　　　　②输出电压正常　　　　③输出电压高　　　　④输出电压低
7. 稳压管的稳压值如果变化了，则输出电压也会变化。稳压值低，则输出电压（　　）。
①变低　　　　②不变　　　　③变高　　　　④不知道

8. VT₃ 三极管在电路中的作用是（　　）。
①调整　　　　②基准　　　　　③取样　　　　　　④启动
9. 通电后，发现电源指示灯未亮，说明故障出现在（　　）。
①变压、整流　②整流、滤波　③滤波、调整　　　④调整、取样
10. 直流稳压电源按其结构可分为 3 个部分，其中需要用到电容器的是（　　）。
①整流电路　　②滤波电路　　③基准电路　　　　④变压电路

三、多项选择题

1. 印制电路板的制作工艺要注意（　　）
①元件布局合理　　　　　　　②电阻值的选择
③相邻两条线之间间距合理　　④电源和地线要宽
2. 稳压电路由哪几部分构成？（　　）
①取样电路　　②整流电路　　③基准电路　　　　④调整电路
3. 电源线的固定有一定要求，（　　）。
①安全性　　　②美观　　　　③方便　　　　　　④牢固
4. 稳压输出很低，电源指示灯不亮，应该检查（　　）。
①变压器　　　②整流电路　　③滤波电路　　　　④发光二极管
5. 绘制 PCB 图，若库中没有实际元件的封装，（　　）。
①建立库文件绘制封装　　　　②建立原理图库文件
③用相似封装代替　　　　　　④不用这个元件
6. 看图 10-1 原理图，如果稳压输出电压很低，测量 VT₁ 的三引脚 e、b、c 对地电压分别是 0 V、8 V、12 V，可能的原因是（　　）。
①VT₁ 的 be 极击穿　　　　　②VT₁ 的 be 极开路
③VT₁ 的 be 极正常　　　　　④VT₁ 的 ce 极击穿
7. 看图 10-1 原理图，测量 VD₆ 的负极对地电压分别是 0.7 V，可能的原因是（　　）
①VD₆ 开路　　②VD₆ 装反　　③VD₆ 反向漏电　　④VT₃ 击穿
8. 选出合理的导线形状（　　）。
①　　　　　　②　　　　　　③　　　　　　　　④

9. 对不同的元件，焊盘孔选择（　　）尺寸的钻头。
①相同　　　　②比元件引脚直径小　③比元件引脚直径大　④没有关系

四、判断题（正确的打"√"，错误的打"×"）

1. 变压器只能将直流电变压到需要的电压值。（　　）
2. LM7805 稳压三端使用非常方便，只要输入电压，就能将电压稳定到 5 V。（　　）
3. 串联稳压电路输出的都是低电压，而且低于 36 V，所以很安全。（　　）
4. 底图的设计原则之一根据通过的电流大小确定印制板的导线宽度。（　　）
5. 通电调试之前，我们必须检查电路是否有短路、元件装反等问题。（　　）

6. 作为稳压使用，稳压管必须是反向使用，即稳压管正极接地。（　　）
7. 稳压电路中调整管没有什么技术参数要求，一般的三极管都可以。（　　）
8. 稳压电路中的调整管如果 c－e 间击穿，输出没有电压。（　　）
9. 覆铜板蚀刻好后，应该冲洗干净，并且用细砂子打磨，及时涂上助焊剂。（　　）
10. 在安装工艺中，变压器应该放到最后安装。（　　）
11. 测量变压器次级的电压时，挡位要置于直流挡。（　　）

五、简述题

1. 手工绘制原理图（标出元件代号、参数，比例合适、绘制整齐美观）。
2. 简述 PCB 板设计原则。
3. 结合自己制作的电路，举例分析哪些符合工艺要求？哪些不符合工艺要求？
4. 通过自己调试和老师讲解，你能否设计出一套更好的调试步骤来？
5. 使用网络查出 1N4001 与 1N4148 的技术参数，并对比两种二极管的不同点。
6. 使用网络查出 LM78×× 系列及 LM79×× 系列的各种型号、封装、功能，对比两种元件的不同点。
7. 使用网络查找电子产品整机是如何固定电源线的。
8. 如果维修了故障请记录（按照案例模板写出）。

项目十一

甲乙类推挽功率放大器

【情景描述】

我们在生活中都用过MP3、MP4，看电视、听音乐、听广播做早操时，我们是否知道为什么有声音，声音为何变大，又是如何变大呢？今天，让我们来学习低频功率放大器的原理，学习制作低频功率放大器，让我们的音乐放得更大声一点。

【任务分解】

➢ 任务一　甲乙类推挽功率放大器电路分析
➢ 任务二　甲乙类推挽功率放大器的制作
➢ 任务三　功率放大器的调试与故障排除

任务一　甲乙类功率推挽放大器电路分析

【学习目标】

◆ 了解低频功率放大器的分类。
◆ 了解甲乙类放大器的特点。
◆ 了解甲乙类功率推挽放大器的构成。
◆ 学习甲乙类功率推挽放大器的工作原理。
◆ 了解关键元件的作用。

【低频功率放大器的概念】

一、低频

在功率放大器中我们所说的低频是指音频。音频是指人能够听到的声音频率，它的频率范围为 20 Hz～20 kHz。

二、低频功率放大器

低频功率放大器也称为音频放大器，是将音频信号放大的电路。与低频放大器电路在本质上没有什么区别，所不同的是功率放大电路工作在大信号输入状态，而低频放大器电路工作在小信号输入状态，功率放大器要求输出足够大的功率，即在三极管允许的集电极损耗和非线性失真范围内，能得到尽可能大的输出电压和电流。

【低频功率放大器的分类】

一、按三极管工作点设置分类

按功率放大器的静态工作点设置不同可分为甲类、乙类和甲乙类等。随着电子技术的发展，功率放大器也在不断地改进，目前还有丙类、丁类几种类型。

1. 甲类低频功率放大器

甲类低频功率放大器的静态工作点设置在放大区中间，这种电路的优点是输入信号的整个周期内三极管都处在放大状态，输出信号失真小；缺点是三极管有较大的静态电流，管耗大，电路能量转换效率低，效率最大为 50%。

2. 乙类低频功率放大器

为了提高功率放大器的效率，满足大功率输出的需要，常采用让三极管工作在乙类状态。乙类低频功率放大器的工作点设置在截止区，在输入信号的整个周期内，三极管只工作半个周期，另半个周期处于截止状态。为避免失真，乙类低频功率放大器都采用两管推挽电路，分别放大正、负半周的信号，然后组成完整的波形输出。乙类低频功率放大器的优点是管耗小，电路能量转换效率高，效率最大为 78.5%；缺点是存在交越失真。

3. 甲乙类低频功率放大器

为了减小交越失真，往往将推挽功率放大器的静态工作点设置在乙类和甲类之间，使功率放大器静态时处在刚刚进入放大状态，这种既克服了甲类低频功率放大器管耗大、效率低的缺点，又解决了乙类低频功率放大器存在交越失真缺点的电路称为甲乙类低频功率放大器。

★ 提示：

三极管静态工作点设置的含义就是确定三极管的 I_b 和 I_c 及 U_{ce}，使得输入信号不失真放大。

二、按照输出连接方式分类

推挽放大器中由于输出端与负载（扬声器）的连接方式不同分为变压器输出放大器、OTL 放大器、OCL 放大器等几种。

变压器输出是指放大器输出端通过变压器的耦合将信号输出到扬声器；OTL 放大器是指无变压器耦合，用电容耦合的方式将信号输出到扬声器；OCL 放大器是指无电容直接将信号输出到扬声器中的方式。

【课堂练习】

1. 音频频率范围为_____至_____。
2. 乙类低频功率放大器的工作点设置在_____。
3. 乙类功率放大器的最大效率为_____。甲类功率放大器的最大效率为_____。
4. 推挽放大器中由于输出端与负载（扬声器）的连接方式不同分为_____放大器、_____放大器、_____放大器等几种。
5. 按功率放大器的静态工作点设置不同，可分为_____功率放大器、_____功率放大器、_____功率放大器等。

【评　价】

【甲乙类功率推挽放大器基本工作原理】

一、甲乙类功率推挽放大器电路的特点

甲乙类功率放大器的电气原理图如图 11-1 所示，是 OTL 型功率放大器，采用互补对称推挽输出电路，具有重量轻、体积小、频率响应特性好、非线性失真小、效率高等优点，是一种较理想的低频功率放大电路。

二、功率放大器的构成

功率放大器电路主要由电压激励放大电路、功率放大输出级电路、负载（扬声器）等组成，方框图见图 11-2。

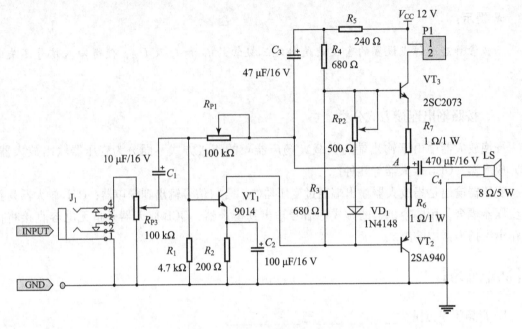

图 11-1　甲乙类功率放大器原理图

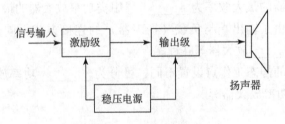

图 11-2　功率放大器方框图

1. 激励放大电路

如图 11-3 所示，由三极管 VT_1 和接成分压式电流负反馈偏置电路组成，它给功率放大输出级提供足够的电压推动信号。

在电路中，R_{P1} 电位器和电阻 R_1 构成上下偏置电路，稳定 VT_1 的工作状态，R_2 是激励放大电路中负反馈电阻，C_2 是交流信号的旁路电容，减少由于有 R_2 的存在引起的放大信号衰减，R_{P1} 电位器调节 VT_1 放大管 I_b 电流。在这个电路中，偏置电阻的供电是由后级推挽放大器的 A 点即中点电压提供的，目的是稳定后级推挽放大电路的中点电压，这是一个负反馈电路，如果中点电压偏高，则给上偏置供电的电压偏高，VT_1 的 I_b 电流增大，VT_1 的集电极 c 极电压下降，VT_1 的 c 极接到推挽

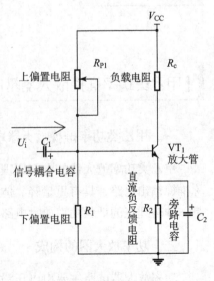

图 11-3　激励放大电路

放大器的输入端,即 VT_3 的 b 极,b 极的电压下降,使 VT_3 的 I_c 电流增加,中点电压下降,稳定了工作点。同样,当 A 中点电压下降,通过一个与电压上升时调整相反的控制过程,使得中点电压升高,同样稳定了工作点。

★ 提示:

负反馈指将输出量(输出电压或输出电流)的一部分或全部通过一定的电路形式作用到输入回路,使放大电路净输入量减少(放大电路的输入电压或输入电流)的措施。

负反馈可以提高放大器的稳定性、展宽频带、减少非线性失真。

2. 推挽放大电路

(1) 互补对称式推挽放大器电路原理。

互补对称式推挽放大器简化图如图 11-4 所示,VT_3 和 VT_2 分别是 NPN 管和 PNP 管。它们的静态电流为零。b、c 点电压对地分别为 E_c,电压供电为 $2E_c$,c 点电压为电源电压的一半,即为中点电压。电解电容 C 上的电压也为电源电压的一半 E_c。当信号 u_i 输入后,由于两类管子的导电极性相反,正半周期时信号电压使 b 点电压大于 c 点电压,VT_3 导通,VT_2 截止;负半周期时信号电压使 b 点电压小于 c 点电压,VT_3 截止,VT_2 导通,两管轮流地起放大作用。

如图 11-5 所示,当信号在正半周期时的情况。u_i 信号的正半周使 VT_3 导通,电源经过 VT_3 的 ce 极、电解电容 C、扬声器形成 i_{c1} 电流。

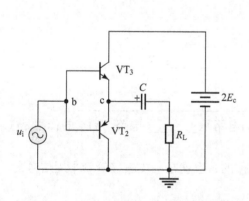

图 11-4 互补对称式推挽放大器简化图

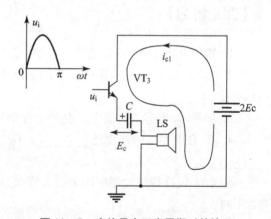

图 11-5 当信号在正半周期时的情况

如图 11-6 所示,当信号在负半周期时的情况。u_i 信号的负半周使 VT_2 导通,由于电解电容 C 上容量较大,在这个阶段,由电解电容 C 对 VT_2 供电,电流 i_{c2} 从电容 C 正端经过 VT_2、扬声器回到电容 C 的负极。

如图 11-7 所示,正、负半周的电流在负载——扬声器上形成了完整的一个周期信号,推动扬声器发出声音。

(2) 实际电路元件作用。

①输出级。

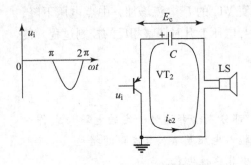

图 11-6 当信号在负半周期时的情况

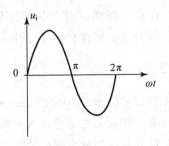

图 11-7 在负载上形成的完整波形

三极管 VT_2、VT_3 是互补对称推挽功率放大管，组成功率放大输出级。

②温度补偿电路。

VD_1 和 R_{P2} 串接在 VT_2、VT_3 的基极间，保证 VT_2、VT_3 静态时处于甲乙类工作状态，克服电路产生交越失真，同时 VD_1 还能起到温度补偿作用。为防止 VD_1、R_{P2} 开路，使电路电流剧增而烧坏功率放大管等元器件，一般在 VT_2、VT_3 的基极两端并联电阻器 R_3。

③自举电路。

R_5、C_3 组成自举电路，增大输出信号的动态范围，提高放大器的不失真功率。

④供电电源。

C_4 是输出耦合电容，它又充当 VT_2 回路的电源。

【课堂练习】

1. 看图分析 2SA940 管型是____型，2SC2073 管型是____型。

2. R_{P1}、R_{P2}、R_{P3} 在电路中的作用是什么？R_{P1} _____；R_{P2} _____；R_{P3} _____。

3. 如果 C_2 电容没有装上，会产生什么现象？_____。

4. C_1 在电路中的作用是_____，C_3、R_5 组成的电路是_____电路，VD_1 的作用是_____。

5. 有人说推挽放大器中两个放大管是分别单独工作的，也就是一支三极管管半周信号，对不对？_____。

6. 根据图 11-1 简述稳定推挽功率放大器中点电压即 A 点电压的过程。

【评 价】

任务二　甲乙类功率放大器的制作

【学习目标】

- ◆ 熟练掌握电路的装配、焊接工艺。
- ◆ 掌握 PCB 的绘图技能。
- ◆ 掌握 PCB 的制作过程。

【制作准备工作】

1. 工具

常用电子组装工具一套。

2. 仪器仪表

数字万用表、示波器、函数信号发生器、12 V 直流稳压电源各一台。

3. 功率管的选择

三极管的参数分为两类：一类是运用参数，表明三极管在一般工作时的各种参数，主要包括电流放大系数、极间反向电流等；另一类是极限参数，表明三极管的安全使用范围，主要包括击穿电压、集电极最大电流、集电极最大耗散功率等。

对于功率放大器的三极管的选择要考虑极限参数，如集电极最大电流、集电极最大耗散功率等。

（1）集电极最大允许电流 I_{cm}。

集电极电流 I_c 超过一定值时，三极管的 β 要下降，规定当下降为正常值的 2/3 时的集电极电流称为集电极最大允许电流 I_{cm}。

（2）集电极最大耗散功率 P_{cm}。

当三极管的集电结通过电流时，由于损耗要产生热量，从而使三极管温度升高。若功率耗散过大，将导致集电结烧毁。根据三极管允许的最高温度和散热条件，可以定出 P_{cm}。国产小功率三极管 $P_{cm} < 1$ W；中、大功率三极管的 $P_{cm} \geqslant 1$ W。三极管通过加上散热片可以增加 P_{cm}。

查阅晶体管手册，2SC2073 和 2SA940 符合项目制作要求。

4. 元件、耗材准备

下面利用【做中学】的方式完成元件、耗材的准备工作。

【做中学】

1. 根据原理图和已标出的材料，在表 11-1 中编出功率放大器制作需要的材料清单。

表 11-1 材料清单

元件	规格	数量	元件	规格	数量

2. 2SC2073 和 A940 的管脚排列与 9013、9014 三极管管脚排列有何区别？

3. 资讯：通过网络查阅 2SC2073 和 2SA940 三极管的主要参数。

【评　价】

【制作 PCB】

1. 元件封装及成形

R_6、R_7 额定功率为 1 W，封装形式为 AXAIL0.5，2SC2073 和 2SA940 的封装形式为

TO – 220。功率管按图成形及封装形式如图 11 – 8 所示。立体声插座元件在"Miscellaneous Connectors. IntLib"库中，在"快速寻找框"中输入"Phonejack Stereo SW"找到元件，封装需要根据实际元件自己绘制。

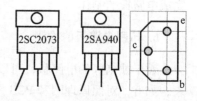

图 11 – 8　三极管成形及封装

2. 元件布局

在推挽功放电路中，一般功率管是成对的，在元件布局时要考虑元件的对称性，放大前后级区分，信号走线合理有序。信号的输入和输出也要考虑连接外部信号源和负载（扬声器）方便性，在参考图 11 – 9 中，信号输入口朝外，以方便连接外接信号源；信号输出口朝外，方便连接扬声器，电位器位置合适，方便调试。

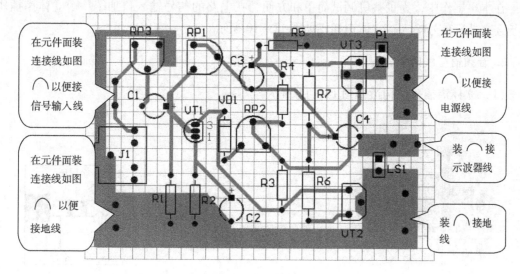

图 11 – 9　布线面

3. 自动布线

布线可以采用自动布线的方式布线。

4. 覆铜

由于功放的电流变化大，布线时电源和地的覆铜线应该比较宽，根据需要对覆铜线修正。图 11 – 9 是 PCB 连线参考图。

★ 提示：

后续装配时，要注意图 11 – 9 中的覆铜面在"外层"，元件面在"里层"，可以理解为覆铜面盖住了元件面，所以装配时元件要从图 11 – 9"从里朝外"插件才正确。

5. 打印

将绘制的 PCB 图按照 1∶1 比例打印出来，按照"项目十"有关印刷电路板的制作方式完成电路板的制作。

6. 印刷电路板的检测

对于蚀刻好的电路板，可以通过万用表和目测的方法检查导线之间是否有短路和开路现象，如有，对照原理图和 PCB 图将短路的线路割开，将开路的导线连接上。

【调试工装的制作和准备】

1. 立体声插座和插头

在本次制作中，为了整机调试简单和方便，在电路的信号输入口加了一个立体声插座，用于连接外部信号输入，立体声插座如图 11 - 10 所示。

2. 音频信号线的制作

（1）立体声插头及构造如图 11 - 11 所示。

图 11 - 10　立体声插座

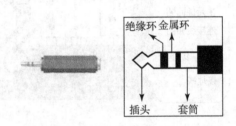

图 11 - 11　插头及构造

（2）音频信号线的制作如图 11 - 12 所示。

图 11 - 12　音频线的制作（一）

注意图 11 - 12（b）是音频线，由三根导线构成，其中包住红白信号线的是屏蔽线，起到屏蔽外界干扰的作用。对照图 11 - 12（a），将屏蔽线接到插头的地线，红白线分别接到左右声道接线柱上。如图 11 - 13 是已接好的音频立体声插头和已经制作好的信号线。

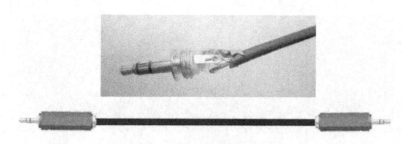

图 11-13 音频线的制作（二）

3. 扬声器工装

为了方便调试工作，完成好的扬声器工装如图 11-14 所示。工装是指工具和装备，在电子产品调试时使用工装是为了方便测试、调试工作，提高生产效率。

4. 插针、短路帽

对本项目进行调试时，需要反复测量功率管的静态电流 I_c，为了方便调试工作，在电源和 VT_3 的 c 极接入一组两芯插针，如图 11-15 所示。在调试时，可拨到万用表的直流电流挡，接到插针上测量电流，调试结束后，用短路帽插在插针上，将电源和 VT_3 的 c 极连接上。

图 11-14 扬声器工装

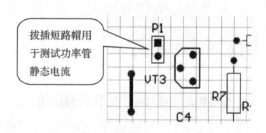

图 11-15 静态电流测试端示意图

【课堂练习】

1. 功率管 2SC2073 和 2SA940 为什么要如图 11-9 成形？

2. 为什么要增加 P_1 这个元件？

3. 绘制 PCB 图，如何对电源线覆铜增加线的宽度？

4. 简述自己如何进行元件布局？

【评　价】

【装　配】

按照装配的工艺要求将元件插入到相应的位置，元件焊接好，即可进入到下一阶段的工作。

任务三　功率放大器的调试与故障排除

【学习目标】

◆ 学习函数信号发生器的使用。
◆ 掌握使用数字存储示波器测量输入、输出波形。
◆ 掌握电子产品调试的相关知识。
◆ 掌握功率放大器调试的要求和方法。
◆ 学习电路的维修技能。

【调试工作准备】

SM4020 函数信号发生器的使用

1. SM4020 函数信号发生器

SM4020 函数信号发生器的面板如图 11-16 所示。

2. 函数信号发生器的简单使用方法

（1）打开电源，函数信号发生器默认 A 路输出，频率为 10.00 kHz，电压峰峰值为 2.00 V。

（2）初始显示状态，屏幕显示频率为 10.00 kHz，顺、逆时针旋转"调节旋钮"，可以快速调节输出频率。

（3）按下功能键"电压"，如图 11-17 所示。出现信号峰峰值显示，调节"调节旋钮"，可以改变输出峰峰值。当调小至"100.00 mV"时，数字不再变化，这时按一下"电压"键，十位数将闪烁，这时再调节"调节旋钮"键可以再次改变信号电压峰峰值。

（4）按下功能键"频率"，显示频率，调节"调节旋钮"键，可以改变输出频率值。

项目十一　甲乙类推挽功率放大器

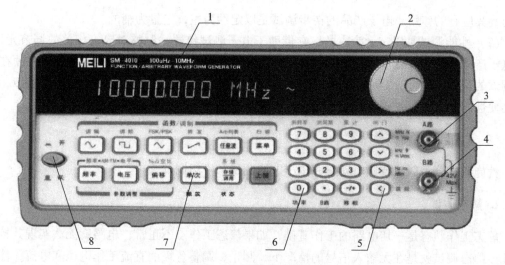

图 11-16　函数信号发生器

1—字符显示区；2—调节旋钮；3—同步信号输出插口；4—函数信号输出插口；
5—上、下、左、右或单位键；6—数字键；7—功能键；8—电源开关

图 11-17　调整信号峰峰值按钮

（5）分别按下 " "、" "、" "，可以选择"正弦波形"、"方波"、"锯齿波"三种波形输出。

（6）输出线中红线接电路信号输入端，黑线接地线。

【电子产品调试方法】

任何一种电子产品组装后，一般需要通过调试才能达到规定的技术指标。电子产品的调试指的是整机调试，包括调整和测试两方面。调整是对电子产品中调整器件、机械传动机构及其他非电气部分进行调整；测试是对电子产品的整机电气性能进行测试。通过调整和测试使电子产品性能参数达到原设计要求。

一、电子产品调试

电子产品调试分为初步调试和性能调试。

（1）初步调试的目的是发现产品装接过程中存在的错误（短路、虚焊、错焊、漏焊和其他错误连接等），排除故障；对于较复杂的产品，要调整其内部的一些调节元件（如电位器、可变电容器等），使它的各部分电路均处于正常工作状态，使面板上所有的控制装置都

能起到其应有的作用。电子产品的初步调试是以定性为主,定量为辅的。

(2) 性能调试是以定量为主的,它借助于电子测试仪器,调整对应、相关的调节元件,使电子产品整机各项技术性能指标均符合规定的技术要求。电子产品的性能调试,必须在初步调试的基础上进行,否则一方面进行性能调试,另一方面又要去排除电子产品的故障,这样会使性能调试工作效率不高。

二、性能调试

性能调试分为静态调试、动态调试、电源调试和指标调试

1. 静态调试

静态工作状态是一切电路的工作基础,如果静态工作点不正常,电路就无法实现其特定功能。静态调试就是在无输入信号的情况下,测量、调整各级的直流工作电压和电流,使其符合设计要求。因测量电流时,需将电流表接入电路,连接起来不方便;而测量电压时,只需将电压表并联在电路两端,所以静态工作点的测量一般都只进行直流电压测量。如需测量直流电流,可利用测量电压的方法间接获得电流的大小。有些电路根据测试需要,在印制电路板上留有测试用的断点,待串入电流表测出数值后,再用锡封焊好断点。凡工作在放大状态的三极管,测量 U_{be} 和 U_{ce} 不应出现零伏电压,若 $U_{be} = 0$ V 表示三极管截止或损坏;若 $U_{ce} = 0$ V 表示三极管饱和或击穿,均需找出原因排除故障。处于放大状态的硅管 $U_{be} = 0.5 \sim 0.7$ V。

2. 动态调试

在静态调试电路正常后,便可进行动态调试。接入输入信号,各级电路的输出端应有相应的输出信号。动态调试包括动态工作点、波形的形状、幅度和周期、输出功率、频带、放大倍数、动态范围等。线性放大电路不应有非线性失真;波形产生及变换电路的输出波形符合设计要求。调试时,可由后级开始逐级向前检测,这样容易发现故障,便于及时调整改进。

3. 供电电源调试

一般的电子产品都是由整流、滤波、稳压电路组成的直流稳压电源供电,电源是其他单元电路和整机正常工作的基础。调试前要把供电电源与电子产品的主要电路断开,先把电源电路调试好后,才能将电源电路与其他电路接通。

电源电路调试的内容主要是测量各输出电压及整机的功耗是否达到规定值。当测量出直流输出电压的数值、纹波系数、电源极性与电路设计要求相符并能正常工作时,方可接通电源调试整机电路。

4. 指标测试

电路正常工作之后,即可进行技术指标测试。根据设计要求,逐个测试指标完成情况,凡未能达到指标要求的,需分析原因、重新调整,以便达到技术指标要求。不同类型的整机

有不同的技术指标及相应的测试方法（按照国家对该类电子产品的规定处理）。

【电路调试的要求和方法】

一、初步调试

对制作的电路进行目测检测，特别是 3 个三极管的连接是否正确，元件有没有短路或者虚焊，测量电源两端是否短路，三极管各脚之间及对地是否短路。如发现异常，则要排除故障。在初步调试后，可以进行下一步的调试工作。

二、静态调试要求

1. 中点电压

中点电压调整为 $V_{CC}/2$（6 V）。

2. 输出级静态电流

输出级静态电流为 8 mA 左右。

三、调试方法

（1）静态调试步骤。

第一步：将 R_{P1} 置阻值中间位置中点电压偏离过多损坏功率放大管；R_{P2} 置阻值最小位置；R_{P3} 置阻值最小位置，使输入端对地短接以使输入信号为零。

第二步：接通电源，将电源电压输出调到 12 V，将万用表置直流电流 200 mA 挡，串接在 VT_3 集电极回路，即插针 P_1 两端，调节 R_{P2} 使万用表读数为 8 mA，撤除万用表，关断电源，并用短路帽将 P_1 接上。

第三步：再次接通电源，将万用表置直流电压 20 V 挡，测量中点电压（VT_2、VT_3 发射极对地电压），调节 R_{P1} 使中点电压为 6 V（$V_{CC}/2$）。

重复第二、第三个步骤，反复调整，以达到调试要求。

（2）找一个有音频接口的手机或 MP3、MP4 作为信号源，与制作的低频放大器用线连接起来，试听音乐。

【做中学】

1. 为什么在电子产品调试时要用到调试工装？

_____

2. 为什么静态调试时要在通电前将 R_{P1} 置阻值中间位置，而 R_{P2} 置阻值最小位置？

3. 调试结束后测量三极管 VT_1、VT_2、VT_3 三个电极的对地电压，并将测量结果记录在表 11-2 中。

表 11-2 记录测量结果

三极管	U_e	U_b	U_c

4. 电路静态调试完成后，需要进行动态调整。将函数信号发生器调至正弦波输出，频率为 1 kHz，调节 R_{P3} 使输入信号最大。

(1) 不接扬声器，峰峰值幅度为 20 mV，利用示波器测量 C_4 负极（扬声器输出端）的波形，按要求在表 11-3 中画出波形图（至少画出 2~3 个周期），并标出电压峰峰值、频率、量程范围。并估算出电压放大增益 $A_u = U_o/U_i$（指放大电路输出电压与输入电压之比：$A_u = U_o/U_i$）＝ ＿＿＿＿＿＿。

表 11-3 画出输出波形，标出频率、幅度及量程范围

输出波形	频率	幅度
	量程范围	量程范围

接上扬声器，按要求在表 11-4 中画出波形图（至少画出 2~3 个周期），并标出电压峰峰值、量程范围，并估算出电压放大增益 A_u = ＿＿＿＿＿＿。

表 11-4 画出输出波形，标出频率、幅度及量程范围

输出波形	频率	幅度
	量程范围	量程范围

接入扬声器与不接扬声器的电压增益有何区别?_____。

(2) 不接扬声器,调节"调节旋钮"键使函数信号发生器输出的电压峰峰值幅度从 20 mV 逐渐增加,示波器接 C_4 负极,观察波形失真现象,按要求在表 11-5 中画出失真波形图(至少画出 2~3 个周期),并标出量程范围。

表 11-5 画出失真波形,并标出频率、幅度及量程范围

输出波形	频率	幅度
	量程范围	量程范围

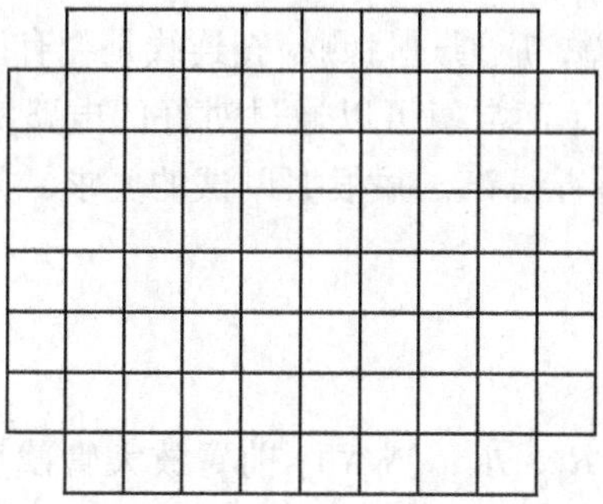

5. 接扬声器,将函数信号发生器调至正弦波输出,频率为 1 kHz,峰峰值幅度为 20 mV,调节 R_{P3} 使输入波形幅度最大,利用示波器测量 C_4 负极(扬声器输出端)的波形,顺时针、逆时针调节 R_{P1},观察波形变化并记录。

表 11-6 画出 R_{P1} 顺时针、逆时针调节时的输出波形

R_{P1} 顺时针调节时的输出波形	R_{P1} 逆时针调节时的输出波形
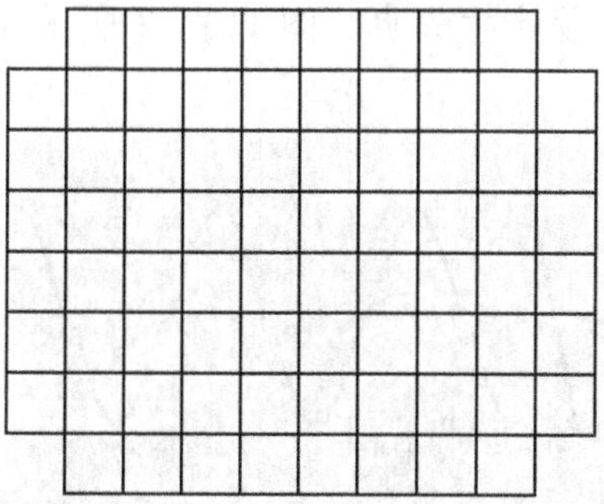	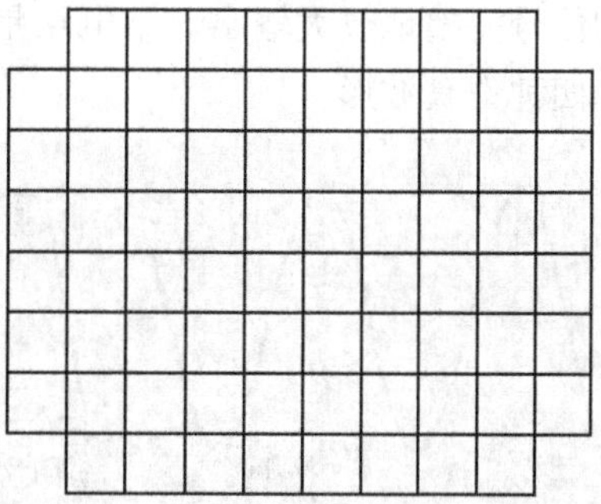

6. 将函数信号发生器调至正弦波输出,幅度为 20 mV,频率为 1 kHz,调节 R_{P3} 使输入波形幅度最大,示波器接 C_4 负极(扬声器输出端),将 R_{P2} 调至电阻最小时观察波形。

【评价】

【简单故障分析】

一、功率管冒烟

低频功率放大器是典型的直流耦合放大器，它的特点是前级的直流电压会对后级的电压产生影响。前级的微小电压变化，通过直流耦合放大器，会将这一微小变化的电压一级一级地放大，最终将会使后级的功率管过热烧坏。在本电路中，如在调试中不注意，或制作时连线错误，很容易将两个功率管烧坏。对于此类故障，应通过目测检查连线是否有误，或用电阻挡测量两个功率管三极的电阻是否符合正常值（正常值可以通过对好的电路实际测量来获得），如不正常应换掉。装新元件后，一定要检查线路，并根据调试的要求，仔细地一步一步操作，防止烧坏功率管。

二、没有声音，调试时没有静态电流

主要原因是 VT_3 的 b 极上没有加入偏置电阻 R_4、R_5，或 VT_1 前置放大管截止。用万用表测量 VT_3 的 b 极电压，VT_1 的 e、b、c 极电压，来分析故障产生的原因。可以测量 VT_3 的 b 极是否有电压，如果没有，应顺着 VT_3 的 b 极供电查找偏置电路有无故障。

三、声音失真

一种情况是：推挽功率放大器要求两个放大管放大特性一致，即要求经过放大的信号上、下半周波形对称，如果不对称，则会造成失真。

另一种情况是：放大器在放大时，由于工作点设置不正确，使放大的信号变化，没有将输入的信号完整地放大输出。本电路是推挽放大器，容易产生失真，图 11-18 所示为正常波形和四种失真波形。

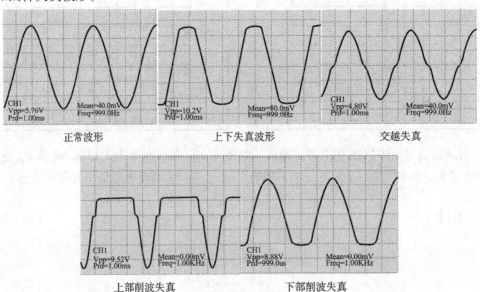

图 11-18　正常波形和四种失真波形

解决的方法是设置好适当的工作点,即调整好静态电流,使放大器变成甲乙类放大器。如果调试不能解决,说明电路出现故障。

检修过程:

(1) 测量放大电路的静态工作电压,对比 3 个三极管的工作电压,如果有变化,应该注意查找电压变化的原因。

(2) 用示波器测量 VT_1 的 c 极波形,看看波形上下是否对称。如不正常,要检查前置放大器 VT_1 的工作状态;如正常,测量 A 点的波形,如有交越失真,要调整 R_{P2},增大静态电流,使交越失真消失。

【做中学】

维修出现的故障。
故障现象:_____
故障原因分析:_____
_____
_____

检测、分析过程:_____
_____
_____
_____

故障点:_____
故障处理:_____
总结:(1) 成功的经验_____
_____
_____

(2) 教训_____
_____
_____

【评 价】

训练与巩固

一、填空题

1. 甲乙类功率放大器中前置放大器的工作点设置在_____。
2. 乙类功率放大器的工作点设置在_____区。甲类功率放大器的工作点设置在_____区。

3. OCL 放大器指＿＿＿＿＿＿；OTL 放大器指＿＿＿＿＿＿。
4. 初步调试的目的是发现产品装接过程中存在的＿＿＿，排除故障；对于较复杂的产品，要调整其内部的一些＿＿＿元件。
5. 性能调试分为＿＿调试、＿＿调试、＿＿调试和＿＿调试。
6. 函数信号发生器能够产生＿＿＿波、＿＿＿波、＿＿＿波。
7. 调试前要把供电电源与电子产品的主要电路＿＿＿，先把电源电路调试好后，才能将电源电路与其他电路＿＿＿。
8. 项目中静态调试要求中点电压调整为＿＿V，输出级静态电流为＿＿mA 左右。
9. 放大状态的三极管 U_{be} = ＿＿＿ ~ ＿＿＿V。

二、单项选择题

1. 乙类功率放大器的最大效率为（　　）。
   ①25%　　　②50%　　　③78.5%　　　④85%
2. 甲类功率放大器的最大效率为（　　）。
   ①25%　　　②50%　　　③78.5%　　　④85%
3. 2SC2073 的封装形式是（　　）。
   ①TO－95　　②TO－95A　　③TO－222　　④TO－220
4. 2SA940 是（　　）。
   ①中功率 PNP 管　②小功率 NPN 管　③中功率 NPN 管　④小功率 PNP 管
5. 调试时，万用表测量三极管的电压时用（　　）。
   ①直流电流挡　②直流电压挡　③交流电压挡　④交流电流挡
6. VD_1 在电路中起的作用是（　　）。
   ①充当电源　②信号耦合　③负反馈　④温度补偿
7. 按下 ∿ 按钮则信号发生器输出（　　）。
   ①任意波　　②正弦波　　③三角波　　④锯齿波
8. 电压峰峰值调节时，当调小至"100.00 mV"时，数字不再变化，这时需按一下（　　）。
   ①"频率"键　②"电阻"键　③"电流"键　④"电压"键
9. 当三极管的集电结通过电流时，由于损耗要产生热量，从而使三极管温度升高。若功率耗散过大，将导致（　　）烧毁。
   ①发射结　　②集电结　　③偏置电阻　　④基区
10. 音频线由三根导线构成，其中包住红白信号线的是屏蔽线，起到（　　）。
    ①电气连接　②抗干扰作用　③减少电压变动作用　④加固导线

三、多项选择题

1. 按功率放大器的静态工作点设置不同可分为（　　）。
   ①甲类功率放大器　　　　②乙类功率放大器

③甲乙类功率放大器 ④丙类功率放大器

2. 放大电路中负反馈的作用是（　　）。
①稳定工作点　　②减少非线性失真　　③放大信号　　④降低功耗

3. 电子产品性能调试有几种？（　　）
①静态调试　　②动态调试　　③供电电源调试　　④指标测试

4. 函数信号发生器可以产生的波形是（　　）。
①正弦波　　②方波　　③锯齿波　　④三角波

5. 本电路中输入正弦波后，发现输出波形上下都失真，有可能是（　　）。
①输入信号峰峰值过大　　②VT_2 处在截止状态
③VT_3 处在截止状态　　④C_4 开路了

6. 工作在放大状态的三极管，测量 U_{be}、U_{ce} 不应出现 0 V，若 $U_{be}=0$ V 表示（　　）。
①三极管损坏　　②三极管正常　　③三极管饱和　　④三极管截止

7. 本项目中静态调试时，需要预先将3个电位器调到相应位置，请选择（　　）。
①R_{P1} 置中间，R_{P2} 和 R_{P3} 置最小　　②R_{P1} 和 R_{P2} 置最小，R_{P3} 置中间
③R_{P1} 和 R_{P3} 置最小，R_{P2} 置中间　　④R_{P1} 最小，R_{P2} 和 R_{P3} 置中间

四、判断题（正确的打"√"，错误的打"×"）

1. 以 VT_1 为中心的电路不是放大状态。（　　）
2. 电路工作点调试时，必须先调整 R_{P1} 电位器。（　　）
3. 电路中电解电容 C_4 的作用是信号耦合与作为供电电源。（　　）
4. 静态调试前应该先进行初步调试。（　　）
5. R_{P1} 的作用是调整音量大小。（　　）
6. 工装的作用只是为了维修方便。（　　）
7. 通过目测的方法也可以找到故障点。（　　）
8. 电子产品的初步调试是以定性为主，定量为辅的。（　　）
9. 动态工作状态是一切电路的工作基础，否则电路就无法实现其特定功能。（　　）
10. 在绘制 PCB 时，"■"是指放置铜区域图标。（　　）
11. 集电极电流 I_c 超过一定值时，使三极管的 β 下降到"1"时，称为集电极最大允许电流 I_{cm}。（　　）

五、叙述题

1. 分析图 11-1 原理图，如果 VT_1 的 b 极电压比正常变低，A 点电压如何变化？
2. 编一份电路调试文件使其可以指导初学者进行调试工作。
3. 完成项目制作的实训报告（格式从网络上查找）。

项目十二

流水灯

【情景描述】

在广告牌上,我们经常会看到绚丽多彩的闪动灯光,有的像流水,有的像波浪。今天我们用贴片元件来制作一个像流水样的灯。你可以将它设计成圆形、心形等形状,可以选择不同颜色的发光二极管来制作。当你完成电路制作接上电压后,你可以看到你设计的灯不断闪亮,像水一样流动,非常好看。

本次制作采用贴片元件来制作,通过流水灯电路的制作,让我们更多地了解贴片元器件的使用知识。

【任务分解】

➤ 任务一 贴片元件的基本知识
➤ 任务二 流水灯电路原理分析
➤ 任务三 流水灯电路的装配
➤ 任务四 流水灯电路的调试和故障检修

任务一 贴片元件的基本知识

【学习目标】

◆ 了解贴片元器件的特点。
◆ 熟练识读贴片电阻器。
◆ 熟练识读贴片电容器。

◆ 了解贴片电感器。

【贴片元件的特点】

一、贴片元器件（SMC 和 SMD）

贴片元器件又称为片式元器件，是无引线或短引线的新型微小型元器件。它适合于在没有通孔的印制板上贴焊安装，是表面安装技术（SMT）的专用元器件，与传统的通孔元器件相比，贴片元器件直接安装在印制板表面，具有以下优点：

（1）尺寸小、重量轻。体积和重量是通孔元器件的60%。

（2）可靠性高。抗振性好、引线短、形状简单、贴焊牢固、可抗振动和冲击。

（3）高频特性好。减少了引线分布特性影响，降低了寄生电容和电感，增强了抗电磁干扰和射频干扰能力。

（4）易于实现自动化。组装时无须在印制板上钻孔、无剪线、打弯等工序，降低了成本，易于大规模生产。

贴片元器件除以上特点外，还具有低功耗、高精度、多功能、组件化、模块化等特点。目前，贴片元器件应用在如笔记本电脑、液晶产品（液晶电视、液晶显示器等）、通信产品（如手机）、数码相机和摄像机、MP4、MP3 以及其他电子设备及产品中。电子产品中的贴片元件如图 12-1 所示。

图 12-1　电子产品中的贴片元件

二、贴片元器件的种类

1. 按其形状分类

按其形状可分为3类，分别是矩形、圆柱形、异形，如图 12-2 所示。

2. 按功能分类

按功能可分为无源元件（SMC）、有源元件（SMD）和机电元件3类。

（1）片式无源元件：片式电阻器、片式电容器、片式电感器等。

（2）片式有源元件：二极管、晶体管、集成电路等。

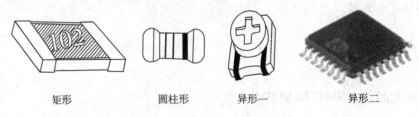

矩形　　　　圆柱形　　　　异形一　　　　异形二

图12-2　各种形状的贴片元件

（3）片式机电元件：片式开关、连接器、继电器和薄形微电极等。

【常用贴片元件的识读】

一、贴片电阻器

1. 贴片电阻器

贴片电阻器实物如图12-3所示。

目前，常用的是厚膜片式电阻器。片式电阻器的命名目前尚无统一规则，常见的主要命名方法如下所述。

（1）国内RI11型片式电阻器系列：

RI11　0.25 W　100 Ω　5%

代号　功率　阻值　允许偏差

（2）美国电子工业协会（EIA）系列：

RC3216　K　103　F

代号　功率　阻值　允许误差

图12-3　电阻器

EIA标识中，代号中的字母表示矩形片式电阻器，4位数字给出电阻器的长度和宽度。如3216（英制1206）表示3.2 mm×1.6 mm。矩形片式电阻器厚度较薄，一般为0.5～0.6 mm。尺寸表示有两种，分别为公制和英制，1 in = 1000 mil = 25.4 mm，如尺寸规格为0805的电阻，表示长80 mil，宽50 mil。

2. 标称方法

矩形片式电阻器的阻值和一般电阻器一样，在电阻体上标明，共有3种阻值标称法，但标称方法与一般电阻器不完全一样，主要表示有数字缩位标称法和E96数字代码与字母混合标称法两种。

常用的是数字缩位标称法。

数字缩位标称法一般在矩形贴片电阻器上，用3位数字来标明其阻值（一般矩形片式电阻采用这种方法）。它的第一位和第二位为有效数字，第三位表示在有效数字后面所加0的个数，这一位不会出现字母。允许误差字母的含义完全与普通电阻器相同：D为±0.5%，F为±1%，G为±2%，J为±5%，K为±10%。

例如：472J表示阻值为4 700 Ω，允许误差为±5%；151K表示阻值为150 Ω，允许误

差为 ±10%。

如果是小数，则用 R 表示小数点，并占用一位有效数字，其余两位是有效数字。例如：2R4 表示 2.4 Ω，R15 表示 0.15 Ω。

★ 提示：

对于尺寸很小的电阻器如 0201 电阻无法标注，一般相关参数标记在编带上。

3. 贴片电位器

贴片电位器也称片状电位器，是一种无手动旋转轴的超小型直线式电位器，调节时须使用螺钉旋具等工具，分为单圈贴片电位器和多圈贴片电位器（属精密电位器，有立式与卧式两种结构）。

片式电位器如图 12-4 所示，它主要采用玻璃轴作电阻体材料，特点是高频特性好，使用频率可超过 11 MHz，阻值范围宽，可达 100 Ω~2 MΩ，最大电流为 100 mA。

二、贴片电容器

1. 单片陶瓷电容器（通称贴片电容）

贴片电容是目前用量比较大的常用元件，其在电路中的功能及相关特性与插件电容器相同。贴片电容器的外形如图 12-5 所示。

图 12-4　电位器　　　　　　　　　图 12-5　贴片电容器

2. 贴片电容器的命名方法

命名方法有多种，常见的主要命名方法如下所述。

（1）国内矩形贴片电容器：

CC3216　　CH　　　151　　K　　101　　WT

代号　　温度特性　容量　误差　耐压　包装

（2）美国 Predsidio 公司系列：

CC1206　　NPO　　151　　J　　ZT

代号　　温度特性　容量　误差　耐压

与矩形片式电阻器相同，代号中的字母表示贴片陶瓷电容器，4 位数字表示其长宽，厚度略厚一点，一般为 1~2 mm。

容量的表示法也与片式电阻器相似，也采用文字符号法，前两位表示有效数字，第三位表示有效数字后零的个数，单位为 pF。如 151 表示 150 pF，1P5 表示 1.5 pF。

允许误差部分字母的含义是：C 为 ±0.25%，D 为 ±0.5%，F 为 ±1%，J 为 ±5%，K

为 ±10%，M 为 ±20%，I 为 -20% ~ +180%。

电容耐压有低压和中高压两种：低压为 200 V 以下，一般分 50 V 和 100 V 两挡；中高压一般有 200 V、300 V、500 V、1000 V。另外，贴片矩形电容器无极性标志，贴装时无方向性。

★ 提示：

现在，片式瓷介电容器上通常不做标注，相关参数标记在料盘上。

3. 贴片电解电容器

（1）钽电解电容器。

钽电解电容器有多种封装，使用最广泛的是端帽形树脂封装，外形与贴片陶瓷电容器相似，一般为矩形片状，如图 12-6 所示。额定电压为 4 ~ 50 V，容量标称系列值与有引线元件类似。极性标志直接印在元件上，有横标一端为正极。容量表示法与矩形片式电容器相同，如 107 表示 10×10^7 pF，即 100 μF。

（2）铝电解电容器。

从结构上看，主要有卧式结构和立式结构。卧式结构的优点为高度低，最高尺寸不超过 4.5 mm，缺点是贴装面积大，不适宜高密度组装；立式安装面积小，适宜高密度组装。目前片式铝电解电容器以立式结构为主，如图 12-7 所示。负极标注为黑色半月状。

图 12-6　钽电解电容器

图 12-7　铝电解电容器

三、贴片电感器

电感器的文字符号是"L"，电路图符号如图 12-8 所示。

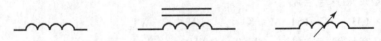

图 12-8　各种电感器符号

1. 铁氧体贴片电感器

铁氧体贴片电感器外形如图 12-9 所示，其体积小，漏磁小，因此片感之间不产生互耦合，可靠性高；无引线，适合高密度表面贴装；优良的可焊性及耐热冲击性，适合波峰焊及再流焊。

图 12-9　铁氧体电感器

2. 圆柱形贴片电感器

圆柱形贴片电感器外形如图 12-10 所示，一般由线圈绕制在磁芯上，体积较大，同时它是电压电路上不可缺少的元件，如在升压电路、变压电路中的运用，由于功率较大，能够提供较大的电流输出。

图 12-10　圆柱形贴片电感器

四、贴片发光二极管

贴片发光二极管实物如图 12-11 所示。有色点的是负极。

图 12-11　贴片发光二极管

测量：贴片发光二极管与普通发光二极管相同，用数字万用表的"—▷|—"挡测量，若会发光说明发光二极管是好的。

★ 提示：

有的数字万用表装 3 V 电池，测量时发光二极管不会点亮，不能说明发光二极管损坏。

五、贴片集成电路（IC）

贴片集成电路的功能与直插式集成电路相同而封装不同，贴片集成块采用 SOP 封装，SOP 是双列直插式的变形，外形如图 12-12 所示，引线一般有翼形和钩形两种，也称 L 形和 J 形。引脚间距有 1.27 mm、1.0 mm 和 0.76 mm。SOP 应用十分普遍，大多数逻辑电路和线性电路均可采用它，但其额定功率小，一般在 1 W 以内，厚度一般为 2~3 mm，与双列直插形式相比占用印制板面积小，重量也减轻了 1/5 左右。引脚的顺序与 DIP 直插 IC 的方式相同，有标志点处为第 1 脚，逆时针按顺序读即可。

图 12-12　贴片 IC

【课堂练习】

1. EIA 标识中，代号 CR 表示_____电阻器，4 位数字给出电阻器的长度和宽度。如 3216 表示____mm×____mm。

2. 数字缩位标称法一般在矩形贴片电阻上，用 3 位数字来标明其阻值，332J 表示阻值为____Ω，472J 表示阻值为____Ω，允许误差为____；151K 表示阻值为____Ω，允许误差为_____。

3. 贴片元件如电阻、电容、晶体管的测量与引脚元件方法有区别。（对的打"√"，错的打"×"）

4. 贴片集成块元件引脚序号与直插式集成块的读法是一样的。（对的打"√"，错的打"×"）

5. 读出电阻值 _____，_____。

6. 指出元件类型 _____；指出元件类型 _____。

7. 指出元件类型 _____，指出元件的正负极 _____。

【评　价】

任务二　流水灯电路原理分析

【学习目标】

◆ 学习十进制计数/分频器集成块 CD4017 的工作原理。
◆ 识读原理图。
◆ 掌握流水灯的原理。

流水灯电路原理图如图 12-13 所示。

【CD4017 简介】

一、CD4017 的引脚排列及实物

CD4017 的引脚排列及实物如图 12-14 所示。

二、CD4017 的引脚功能

CD4017 的引脚功能如表 12-1 所示。

项目十二 流水灯

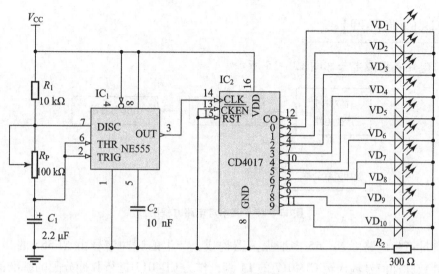

图 12 – 13 流水灯原理图

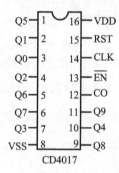 

图 12 – 14 CD4017 的引脚排列与实物

表 12 – 1 CD4017 的引脚功能

引脚	功能	引脚	功能
1	Q5	9	Q8
2	Q1	10	Q4
3	Q0	11	Q9
4	Q2	12	CO 十进制进位脚
5	Q6	13	$\overline{EN}$ 使能端复位端
6	Q7	14	CLK 脉冲输入端
7	Q3	15	RST
8	VSS	16	VDD

引脚说明：

①电源脚：16 脚，VDD；8 脚，接地。

②CLK：14 脚，计数脉冲输入。

③$\overline{EN}$：13 脚，使能端，输入低电平有效，即 $\overline{EN} = 0$ 时，CD4017 正常工作。

④RST：15 脚，复位端，高电平有效，即 RST = 1 时，CD4017 复位，重新开始计数输出。

⑤CO：12 脚，十进制进位端，即当 CD4017 按 Q0 ~ Q9 顺序轮流输出完成后，CO 输出一个脉冲的高电平。

⑥输出脚：Q0 ~ Q9 共 10 个输出端，引脚依次为 3、2、4、7、10、1、5、6、9、11，输出端按一定时间、一定顺序轮流输出为高电平。

【流水灯的工作原理】

流水灯电路各组成部分如图 12-15 所示。

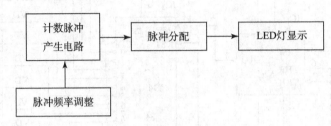

图 12-15　流水灯电路方框图

计数脉冲产生电路由 NE555 多谐振荡器构成，产生的脉冲信号由 NE555 的 3 脚输出，同时将该计数脉冲信号输入至 CD4017 的 14 脚，作为 CD4017 进行脉冲分配的基准信号，每输入一个脉冲，输出端按顺序轮流输出高电平。NE555 的工作原理与项目六"叮咚门铃"中的工作原理相同，只是振荡频率不同，通过振荡频率公式 $f = 1.44/[(R_1 + 2 \times R_P)C_1]$ 可以计算出流水灯电路脉冲频率。

CD4017 产生 10 个顺序脉冲信号，分别输出给 10 个 LED 灯，使其逐个点亮。脉冲频率的调整通过调节 R_P 可调整计数脉冲的频率，即改变流水灯流动的速度。

【课堂练习】

1. 流水灯电路各组成部分为_____、_____、_____、_____。
2. 计算电路的最低频率 f =_____。
3. 本电路的贴片 IC 的引脚序号如何排列？_____。
4. CD4017 集成块的功能是_____。
5. $\overline{EN}$：使能端，输入_____电平有效，即 $\overline{EN}$ = _____时，CD4017 正常工作。

【评　价】

任务三　流水灯电路的装配

【学习目标】

◆ 学习表面贴装元件 PCB 图设计的方法和技巧。
◆ 熟悉印刷电路板的制作工艺过程。
◆ 学习焊接、装配、检查电路的技能。

【绘制 PCB 图】

一、封装选择

绘图时注意 R_P、C_1 采用通孔元件。其余元件采用贴片元件。元件和封装形式及数量如表 12 – 2 所示。

表 12 – 2　元件和封装形式及数量

代号	封装形式	数量
R_1、R_2	C1608 – 0603	2
C_2	CC2012 – 0805	1
$VD_1 \sim VD_{10}$	SMD – LED	10
IC_1	SO – G8	1
IC_2	SO – G16	1

二、元件布局

本次项目有两块集成块，贴片元件封装小，布线有一定的难度。在元件布局时，可以根据自己的构想设计不同的方案，但要考虑自己的能力水平，不要刻意追求灯的图案美观性，以完成电路的功能为目的。

三、布线

（1）绘制贴片元件印刷电路板图时，需要在顶层布线。单击"Top Layer"选择顶层，如图 12 – 16 所示。

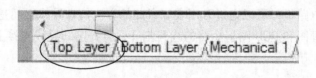

图 12 – 16　选择 Top Layer

（2）元件布局完成后，在连线过程中可以考虑利用元件面跨接导线的方式连接元件。考虑到电子产品要求工艺结构简单和制作成本低廉，元件面跨接导线要尽量少，能不跨接就不跨接，能少跨接就少跨接。跨接导线在底层"Bottom Layer"布线。在绘图过程中要仔细，反复检查、修改以求完美，一次完成不了就要多次绘制直到完成。图 12 – 17 所示是 PCB 图的参考图。

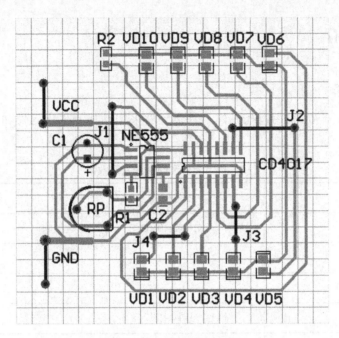

图 12-17 流水灯 PCB 图

说明：
（1）J_1、J_2、J_3、J_4 是连接短连线，装配到底层即"Bottom Layer"。对于通过单面布线不能连通的情况，可以通过在元件面用金属线跨接的方式连接。
（2）通孔元件装配在顶层即"Top Layer"，不能插到底，否则不好焊接。对于电解电容焊好后，采取卧式放置形式。

四、打印

将绘制的 PCB 图按照 1:1 比例打印出来，按照"项目十"有关印刷电路板的制作方式完成电路板的制作。

五、印刷电路板的检测

对于蚀刻好的电路板，可以通过万用表和目测的方法检查导线之间是否有短路和开路现象，如有，对照原理图和 PCB 图将短路的线路割开，将开路的导线连接上。

★ 提示：

可以采取自制 PCB 板的方式制作流水灯，也可以通过购买散件的方式组装。

【电路装配】

下面利用【做中学】的方式完成电路装配工作。

【做中学】

1. 工具。准备常用组装工具，仪器仪表：_____，_____。
2. 清点和检测元件，编制表格记录（见表12-3）。

表12-3 元件清单

代号	规格	数量	清点情况	检测情况
R_1	10 kΩ			
R_2	300 Ω			
R_P	100 kΩ			
C_1	2.2 μF/16 V			
C_2	10 nF			
$VD_1 \sim VD_{10}$				
IC_1	NE555			
IC_2	CD4017			

★ 提示：

贴片元件很小，注意将元件放在盒子里，测量时也要小心和细心。

3. 用蜂鸣挡重点测量 IC_1 和 IC_2 相邻各脚之间的电阻，一般不能短路，如果出现了，必须查看电路图中是否应该相连。不相干的导线之间不能短路，导线不能断路。

检测结果_____。

4. 本项目绘制表面安装元件电路图时，应该选择_____层。
5. 贴片 CD4017 的封装是_____。
6. 元件的布局对于布线有很大的影响，你有什么好的方法与大家分享。

_____
_____

【评 价】

【表面安装技术】

一、表面安装技术

表面安装技术（SMT，Surface Mount Technology）是将表面贴装元器件贴、焊到印制电路板表面规定位置上的电路装联技术。贴片元件是一种不带引线或带特殊结构短引线的新型电子元件，主要供表面安装技术使用。

二、表面安装技术的组成

表面安装技术通常包括表面安装元器件、表面安装电路板及图形设计、表面安装专用辅料（焊锡膏及贴片胶）、表面安装设备、表面安装焊接技术（包括双波峰焊、气相焊）、表面安装测试技术、清洗技术以及表面组装生产管理等多方面内容。这些内容可以归纳为3个方面：一是设备，称为SMT的硬件；二是装联工艺，称为SMT的软件；三是电子元器件。

【贴片元器件的手工焊接】

一、焊接要求

对贴片元件的焊接需要25 W的铜头电烙铁，且功率和温度最好是可调控的，烙铁头要尖，顶部的宽度不能大于1 mm，最好是用抗氧化的烙铁头，焊接时间控制在3 s以内，焊锡丝直径为0.6~0.8 mm。用尖头镊子可以移动和固定芯片以及检查电路。使用助焊剂增加焊锡的流动性，这样焊锡可以用烙铁牵引，并依靠表面张力的作用光滑地包裹在引脚和焊盘上，焊接后用酒精清洗板上的焊剂。

二、焊接方法

1. 焊接前的准备

贴片元器件的焊接与通孔元器件焊接不一样，通孔元器件通过引线插入通孔，焊接时不会移位，且元器件与焊盘分别在印制板两侧，焊接较容易。片式元器件在焊接过程中容易移位，焊盘与元器件在印制板同侧，焊接端子形状不一，焊盘细小，焊接要求高。因此，手工焊接时必须细心谨慎，提高精度，如图12-18所示。为了防止焊接元器件移位，可先用环氧树脂胶将元器件粘贴在印制板上的对应位置，胶点大小与位置如图12-19所示，待固化后，刷上助焊剂，再进行焊接。

 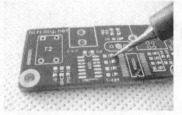

图12-18 贴片元件的焊接

 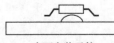

涂敷胶黏剂　　　　表面安装元件

图12-19 贴片元件的固定

2. 焊接

手工焊接如果没有点胶工艺，对于电阻电容三极管等元件，需在焊接前在一个焊盘上焊上焊锡，然后放上元件将元件焊牢固，再焊接其他元件引脚；对于SOP封装的集成电路，也需先在一两个焊盘上焊上锡，然后将器件安放在焊接位置上，将一两个引脚固定，引脚对准焊盘后，再焊上已固定引脚的对角引脚，将IC固定再进行逐点焊接或拉焊。

3. 焊接后

完成后要及时清洗干净，并借放大镜检查焊点质量，无论焊点电气性能上是否连通，都不应出现桥接现象，若有桥接可用电烙铁修复，否则因用力不一易造成元器件裂纹，导致可靠性下降。

三、贴片元器件的拆焊与维修

贴片元器件的拆卸、焊接宜选用200 ℃~280 ℃调温式尖头烙铁。贴片式电阻器、电容器的基片大多采用陶瓷材料制作，这种材料受碰撞易破裂，因此在拆卸、焊接时应掌握控温、预热、轻触等技巧。

贴片元器件的拆焊与通孔元器件拆焊不一样。通孔元器件焊盘上熔融的焊料可用吸锡器逐个吸走，或利用金属引脚的柔性先后焊下各引脚即可取下元件。而贴片元器件必须所有引脚同时加热，在焊料全部熔化之后才能取下，否则将损坏焊盘。有条件时，用热风枪拆焊片状元器件非常方便。

【课堂练习】

1. SMT的含义是指表面元件焊接技术。（对的打"√"，错的打"×"）
2. SOP封装的集成块手工焊接的技能是（对的打"√"，错的打"×"）。
①先固定一边的引脚　②先用胶水固定集成块　③无法焊接　④先固定两个对角的引脚
3. 表面安装技术包括3个方面_____、_____、_____。
4. 表面焊接对于电烙铁头形状要求较高，一般用_____。
5. 叙述流水灯电路焊接的经验与同学分享。
_____
_____
_____

【评　价】

任务四　流水灯电路的调试和故障检修

【学习目标】

◆ 掌握电子产品调试流程。
◆ 学习检修电路的方法和技能。
◆ 通过对电路的维修提高理论分析能力。

【电路调试】

流水灯的调试要求：接上电源电压，发光二极管逐个点亮，看起来如流水般变化，调整电位器，可看到流水灯逐个点亮的频率变化。

一、目测检查

对已完成装配、焊接的工件仔细检查质量，重点是装配的准确性，包括元件位置、发光二极管和电解电容引脚正负极性是否都装对；接线是否有差错；焊点质量是否有虚焊、漏焊、搭焊及空隙、毛刺等；元件安装方式是否符合工艺要求。

二、通电检查

（1）将稳压电源电压调到 +5 V，接到流水灯电路的电源供电端。
（2）打开电源，观察发光二极管是否点亮，不能出现火光、冒烟现象，如出现立即关机。
（3）灯会一个接一个点亮，说明电路的制作基本正确。调动电位器 R_P，观察灯的闪动频率是否变化。

【做中学】

1. 测量电路中两个 IC 各脚电压并记录在表格中（自编自绘）。

2. 总结调试过程：
_____
_____
_____

【故障案例讲解】

一、故障现象：通电后，灯没有流水闪亮，只有一个或几个灯一直亮

1. 故障分析

根据电路原理，流水灯电路分为两个部分，一部分是脉冲发生电路，另一部分是脉冲分配电路，脉冲分配器的任务是将脉冲发生器产生的脉冲顺序输出。所以两个部分都可能会产生灯不闪动的故障。到底是哪一部分呢？从电路原理分析，我们可以将 NE555 的 3 脚与 CD4017 的 14 脚断开，人为加入脉冲信号给 CD4017 的 14 脚，看看灯是否闪亮。

2. 检修过程

将 NE555 的 3 脚与 CD4017 的 14 脚断开，在 14 脚上加入频率为 0.5 Hz 的脉冲信号，或者用一个简单的方法，即用镊子点住 CD4017 的 14 脚，如果发光二极管闪动，说明 CD4017 电路是好的，重点检查 NE555 电路。实践证明 NE555 电路的故障较多，注意检查 NE555 的各个引脚的电压，检查定时电阻 R_1、R_P 与电容 C_1 是否接对，仔细检查连接线是否正确。对于 NE555 是否损坏，可以用好的元件代换试一试。

找出故障原因后，将错误改正或将损坏元件换掉，再次通电检查电路是否工作正常。

二、故障现象：个别灯不会亮

1. 故障分析

从故障现象结合电路原理来分析，灯会闪动，说明电路的脉冲信号发生器工作正常，个别灯不亮，说明 CD4017 相应的输出端有问题。

2. 检修过程

以电路原理分析为依据，我们可以测量灯不亮的引脚，比如 Q1 脚的发光管不亮，用万用表的电压挡测量 CD4017 的 Q1 脚位（第 2 脚）电压在输出时应为高电平，5 V 供电情况下，电压为 4 V 左右，如果没有，说明集成块 CD4017 有故障，应换一个新的元件试一试。如果有电压，可以检查相应的发光管是否接错或者损坏，一般是发光管装反、连线错误。

找出故障原因后，将错误改正或将损坏元件换掉，再次通电检查电路是否工作正常。

【做中学】

维修出现的故障。
故障现象：_____
故障原因分析：_____

检测、分析过程：_____

_____

_____

故障点：_____

故障处理：_____

总结：（1）成功的经验_____

_____

（2）教训_____

_____

【评　价】

训练与巩固

一、填空题

1. 贴片元器件又称为片式元器件，是_____新型微小型元器件。
2. SMT 是指_____，SMC 和 SMD 是指_____。
3. 贴片元件的优点是_____、_____、_____、_____。
4. EIA 标识中，代号中的字母表示矩形片式电阻器，4 位数字给出电阻器的长度和宽度。如 2012 表示____mm ×____mm，0805 表示____mil ×____mil，0603 表示____mil ×____mil。
5. 钽电解电容器的极性标志直接印在元件上，有_____为正极。
6. 103J 表示阻值为_____Ω，允许误差为_____；301K 表示阻值为_____Ω，允许误差为_____；2R4 表示_____Ω，R15 表示_____Ω。
7. 本电路中 555 电路产生_____信号。
8. 如果 Q9 输出为高电平，需要_____个脉冲信号。
9. 为了防止焊接元器件移位，可先用_____胶将元器件粘贴在印制板上的对应位置。
10. 如果出现了两个发光管不亮的故障，那么故障部位在_____电路部分。

二、单项选择题

1. SMC 是指（　　）。
①表面焊接技术　　②表面焊接元件　　③超声波焊接　　④自动焊接

2. 贴片电阻数字标示为 152，表明电阻值是（   ）
   ① 152 Ω   ② 1.5 kΩ   ③ 0.15 Ω   ④ 15 Ω
3. 绘制表面贴片元件的 PCB 图，应该选择（   ）。
   ① Top Layer   ② Bottom Layer   ③ Top Overlayer   ④ Keep-Out Layer
4. 装配好电路，进行调试首先要做的是（   ）。
   ①通电检查功能   ②调整电位器
   ③不通电检查电路焊接情况   ④测量供电电压值
5. SMT 的含义是（   ）。
   ①贴片电阻   ②贴片 IC   ③表面安装技术   ④贴片设备

四、判断题（正确的打"√"，错误的打"×"）

1. SMC 的焊接技术与通孔元件的焊接技术一样。（   ）
2. 贴片电阻的尺寸中标示的 0805 尺寸是英制单位。（   ）
3. $\overline{EN}$ 是使能端，当 $\overline{EN}=1$ 时，CD4017 才能正常工作。（   ）
4. PCB 板蚀刻结束后应该清洁、涂助焊剂，不必检测铜膜导线短路或断路。（   ）
5. 调节电位器 R_P，可以改变 NE555 第 3 脚输出的电压。（   ）
6. 加电后，CD4017 第 1 脚输出高电平，点亮第一个发光二极管。（   ）
7. C_1 的容量变大，振荡的频率 f 变高。（   ）
8. CD4017 的 RST 端未接地线，则 CD4017 不工作。（   ）
9. 只有个别发光二极管不亮，说明了电路的脉冲信号发生器工作不正常（   ）
10. 观察流水灯时看起来流动很快，则要调节电位器，使周期 T 提高。（   ）

五、叙述题

1. 简述手工焊接贴片元件方法（电阻、电容、集成块等）。
2. 评点自己的 PCB 图是否符合 PCB 设计的原则？
3. 要改变流水灯的频率，你有什么措施？
4. 结合自己制作的电路，分析哪些符合 SMT 工艺要求，哪些不符合工艺要求？
5. 在网上查阅贴片元件知识。
6. 完成项目制作的实训报告。

13 项目十三

四路数显抢答器

【情景描述】

同学们见过知识竞赛的场景吗？主持人出题后，几位选手争先按下按键抢答，数码管显示抢答位，谁快就选择谁来回答抢答题。这个抢答器很神奇吧。其实不难，我们也能做，让我们试试吧。制作过程稍比前面的项目复杂，但对我们的电路原理图识读能力、装配和检修能力的提高有很大的帮助，所以同学们要努力，让我们一起来攀登这座高峰！

【任务分解】

➢ 任务一　四路数显抢答器电路的分析
➢ 任务二　四路数显抢答器的制作
➢ 任务三　电路调试及故障分析与排除

任务一　四路数显抢答器电路的分析

【学习目标】

◆ 掌握电路图的识读方法。
◆ 掌握 LED 数码管的知识。
◆ 掌握 CD4511 的知识。
◆ 了解四路数显抢答器的工作原理。

四路数显抢答器电路原理图如图 13-1 所示。

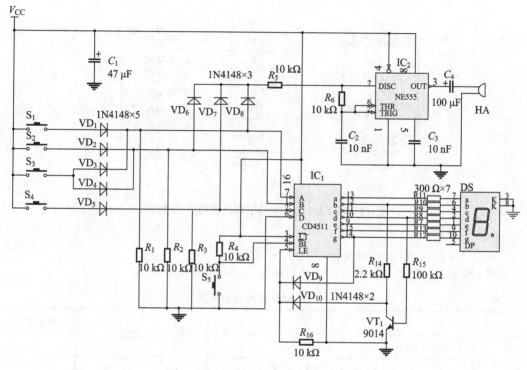

图 13-1 四路数显抢答器电路原理图

【认识新元件】

一、LED 数码管

LED 数码管是常用的一种显示器件，它是将发光二极管制成条状，通过一定的连接方式，组成数字"8"，构成 LED 数码管。使用时按规定某些笔段上的发光二极管发光，即可组成 0~9 的一系列数字。本制作中使用的 LED 数码管实物外形如图 13-2 所示。

1. LED 数码管的引脚排列及内部结构

LED 数码管根据其连接方式可分为共阳极与共阴极两种，引脚排列和内部结构如图 13-3（a）所示。

图 13-2 LED 数码管外形

2. LED 数码管显示原理

7 段数码管将 7 个段码组成"8"字形，能够显示 0~9 十个数字及 a~f 的 6 个字母，可以用于二进制、十进制以及十六进制数的显示。

（1）共阴极 LED 数码管。

共阴极 LED 数码管的内部结构如图 13-3（b）所示，8 个 LED 的负极连接在一起接地，根据二极管点亮的条件可知，在 LED 正极加上一定的电压即可点亮，并显示出相应的数字。具体情况见表 13-1。

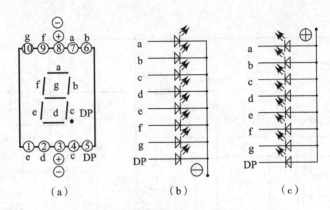

图 13-3　LED 数码管的引脚排列和内部结构

说明：
a~g 代表 7 个段码的驱动端，亦称段码电极，DP 是小数点；
3 脚和 8 脚是公共端，内部连通，⊕表示公共阳极，⊖表示公共阴极。

表 13-1　LED 数码管的真值表

a	b	c	d	e	f	g	显示数字
1	1	1	1	1	1	0	0
0	1	1	0	0	0	0	1
1	1	0	1	1	0	1	2
1	1	1	1	0	0	1	3
0	1	1	0	0	1	1	4
1	0	1	1	0	1	1	5
1	0	1	1	1	1	1	6
1	1	1	0	0	0	0	7
1	1	1	1	1	1	1	8
1	1	1	1	0	1	1	9

注：1 表示高电平，0 表示低电平。

（2）共阳极 LED 数码管。

共阳极 LED 数码管的内部结构如图 13-3（c）所示，8 个 LED 的正极连接在一起接 V_{CC}，根据二极管点亮的条件可知，使 LED 的负极电压为低电平即可点亮。

★ 提示：

本制作中使用共阴极数码管，DP 小数点随个人想法，若想点亮，DP 端接高电平，若不想点亮，DP 接低电平或不接。

3. LED 数码管的检测

LED 数码管可用数字万用表的"——▷|——"挡对其中的各个 LED 逐个检测。将挡位置

于"—▷|—"挡,对于共阴极数码管,黑表笔接公共极,红表笔依次分别接各笔段进行检测;对于共阳极数码管,万用表红表笔接公共极,黑表笔依次分别接各笔段进行检测。如果数码管正常,则测量时与表笔相接的笔段会点亮。

【做中学】

1. LED 数码管是常用的一种显示器件,它是由_____作为显示字段的数码型显示器。
2. LED 数码管根据发光二极管连接方式可分为_____极型与_____极型两种。
3. 如果要显示"1",需要哪几个笔段点亮?_____。
4. 用数字万用表_____挡区分数码管的极型时,如果是共阴极型数码管,则(　　),另一表笔接在其他段位。
① 红表笔接公共端　　②黑表笔接公共端　　③红表笔接 a 段　　④黑表笔接 a 段
5. 测一测:共阴数码管的认识和测量。
结果_____。(填"正常"或"不正常")
数码管的公共端是第___脚,a 段是第___脚,g 段是___脚。

【评　价】

二、CD4511 集成块

CD4511 是一块含 BCD - 七段锁存/译码/驱动电路于一体的集成电路,是应用较多的一种驱动器,能将二 - 十进制码(BCD 码)译成七段码(a~g),驱动共阴极 LED 数码管,电源电压工作范围为 3~18 V,通常取 5 V、10 V 等。

贴片式 CD4511 是一种 16 脚封装为 SO - G16 的集成块,实物和图形符号如图 13 - 4 所示。

图 13 - 4　CD4511 集成块的外形及引脚

★ 提示:

BCD 码(在本书中指 8421BCD 码)是二 - 十进制代码,指用 4 位的二进制数码表示 1 位十进制数码。比如十进制的"1"用 BCD 码表示即"0001",十进制"5"用 BCD 码表示即"0101"等。

CD4511管脚功能如表13-2所示。

表13-2 CD4511管脚功能

管脚	功能	管脚	功能
1	BCD码输入端（B）	9	段位输出端e
2	BCD码输入端（C）	10	段位输出端d
3	灯测试端（$\overline{LT}$）	11	段位输出端c
4	消隐控制端（$\overline{BI}$）	12	段位输出端b
5	锁存控制端（LE）	13	段位输出端a
6	BCD码输入端（D）	14	段位输出端g
7	BCD码输入端（A）	15	段位输出端f
8	地	16	电源端

具体的工作状态见表13-3。

表13-3 CD4511的真值表

输入							输出							显示
LE	$\overline{BI}$	$\overline{LT}$	D	C	B	A	a	b	c	d	e	f	g	
×	×	0	×	×	×	×	1	1	1	1	1	1	1	8
×	0	1	×	×	×	×	0	0	0	0	0	0	0	熄灭
0	1	1	0	0	0	0	1	1	1	1	1	1	0	0
0	1	1	0	0	0	1	0	1	1	0	0	0	0	1
0	1	1	0	0	1	0	1	1	0	1	1	0	1	2
0	1	1	0	0	1	1	1	1	1	1	0	0	1	3
0	1	1	0	1	0	0	0	1	1	0	0	1	1	4
0	1	1	0	1	0	1	1	0	1	1	0	1	1	5
0	1	1	0	1	1	0	1	0	1	1	1	1	1	6
0	1	1	0	1	1	1	1	1	1	0	0	0	0	7
0	1	1	1	0	0	0	1	1	1	1	1	1	1	8
0	1	1	1	0	0	1	1	1	1	1	0	1	1	9
0	1	1	1	0	1	0	0	0	0	0	0	0	0	熄灭
0	1	1	1	0	1	1	0	0	0	0	0	0	0	熄灭
0	1	1	1	1	0	0	0	0	0	0	0	0	0	熄灭
0	1	1	1	1	0	1	0	0	0	0	0	0	0	熄灭
0	1	1	1	1	1	0	0	0	0	0	0	0	0	熄灭
0	1	1	1	1	1	1	0	0	0	0	0	0	0	熄灭
1	1	1	×	×	×	×	**							**

注解：×——代表任意状态。
　　　**——代表先前LE=0时，BCD码相对应的显示状态。

★ 提示：

BCD 码输入端的引脚及 a~g 七段输出的引脚并不是按引脚编号顺序排列，所以同学们在布线和装配时要特别注意引脚不要乱了，否则影响最后的结果。

【课堂练习】

1. CD4511 是一块含_____电路于一体的集成电路，能将 BCD 码译成七段码（a~g），驱动_____极型 LED 数码管。

2. CD4511 的 5 脚（LE 端）的作用是_____。

3. 当 CD4511 的输入为 0110 时，数码管显示（　　）。
① 2　　　　　　② 4　　　　　　③ 6　　　　　　④ 8

4. CD4511 是数码管驱动集成块，它是驱动共阳型数码管的。（对的打"√"，错的打"×"）

5. "a、b、c、d、e、f、g" 输出分别对应 CD4511 的 "9、10、11、12、13、14、15" 脚。（对的打"√"，错的打"×"）

【评　价】

三、蜂鸣器

蜂鸣器的实物外形和符号如图 13-5 所示。

图 13-5　蜂鸣器

1. 蜂鸣器知识

蜂鸣器是一种微型的电声转换器件，有无源和有源两大类。无源蜂鸣器相当于一个微型扬声器，工作时需要接入音频驱动信号才能发声；有源蜂鸣器内部包含音源集成电路，可以自行产生音频驱动信号，工作时不需要外加音频信号，接上规定的直流电压即可发声。按照所发声音的不同，有源蜂鸣器又有连续长音和断续声音两种。

2. 蜂鸣器的参数

蜂鸣器的主要参数有工作电压和标称阻抗，无源蜂鸣器的标称阻抗有 16 Ω、32 Ω、

50 Ω 等，应根据需要选用。有源蜂鸣器的额定直流工作电压有 1.5 V、3 V、6 V、9 V、12 V 等规格，可根据电路电源电压进行选用。

3. 蜂鸣器的检测方法

（1）无源蜂鸣器的检测。

无源蜂鸣器的检测方法与扬声器的检测方法相同，数字表测出的电阻值应符合要求，不符合则说明该蜂鸣器已损坏。

（2）有源蜂鸣器的检测。

给蜂鸣器两端加上规定的直流电压，听其发声是否正常、明亮。

【四路数显抢答器电路原理】

一、电路方框图

四路数显抢答器的电路方框图如图 13-6 所示。

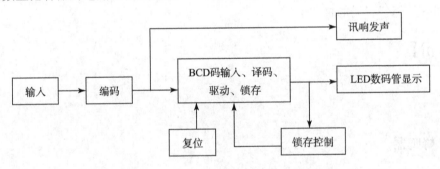

图 13-6 四路数显抢答器的电路方框图

二、各组成部分工作过程

1. 信号输入

$S_1 \sim S_4$ 组成 1~4 路抢答键，按键按下时，电路输入高电平信号；未按下时，由于有 R_1、R_2、R_3 电阻接地，所以信号输入为低电平。

2. 编码

$VD_1 \sim VD_5$ 组成数字编码器，任一抢答键按下，都须通过编码二极管编成 BCD 码，将高电平加到 CD4511 所对应的输入端，即对应 D、C、B、A 端（引脚 6、2、1、7），D 为最高位，本电路已经接地，A 为低位，分别代表 BCD 码的 8421 位。

编码原理如表 13-4 所示。

表 13-4 四路数显抢答器的真值表

输入				输出				显示
S_1	S_2	S_3	S_4	D	C	B	A	
0	0	0	0	0	0	0	0	0
1	0	0	0	0	0	0	1	1
0	1	0	0	0	0	1	0	2
0	0	1	0	0	0	1	1	3
0	0	0	1	0	1	0	0	4

说明：由真值表导出表达式：$D=0$，$C=S_4$，$B=S_2+S_3$，$A=S_1+S_3$。

采用二极管进行编码，由表达式可知：S_1、S_2 各一个二极管，S_3 两个，S_4 一个，D 接地，无编码二极管。

3. 译码、驱动 LED 数码管

CD4511 芯片完成 BCD 译码和驱动，将编码输出的 BCD 码译成七段 a~g，并驱动 LED 数码管显示。具体情况参看 CD4511 真值表。3、4 脚需接高电平时芯片才能正常工作。

4. LED 数码显示

参看数码管显示原理。

5. 讯响电路

讯响电路由 NE555 组成的多谐振荡电路构成，若有人抢答，编码输出 C、B、A 中必定有一个为高电平，通过 VD_6、VD_7、VD_8 三个二极管中的一个，将高电平加到 R_5，经过电阻 R_5、R_6 对电容 C_2 充放电，NE555 电路工作在多谐振荡状态，驱动蜂鸣器发声。具体的 NE555 工作原理请参看前面项目中的介绍。

6. 锁存控制

由于抢答器要满足多位参赛者抢答的要求，这就有一个先后判定、锁存优先的电路，确保第一个抢答信号锁存住并显示"数"，拒绝后面抢答信号的干扰。CD4511 内部电路与 VT_1、R_{14}、R_{15}、R_{16}、VD_9、VD_{10} 组成的控制电路可完成这一功能。

当抢答键都未按下时，因 CD4511 的 BCD 码输入端都有接地的电阻，所以此时 BCD 码输入端为 0000，这时 CD4511 七段输出 a~f 为高电平，而 g 为低电平；通过对 0~4 这 5 个数的分析（见 CD4511 真值表）可以看到，只有当数字为"0"时，才出现 d 为高电平而 g 为低电平的情况，这时 VT_1 导通，VD_9 和 VD_{10} 的阳极均为低电平，CD4511 的 5 脚即 LE 端为低电平 0，这种状态下 CD4511 没有锁存而允许 BCD 码输入。

在抢答准备阶段，主持人会按下复位键，LED 数码显示"0"。抢答开始，当 S_1~S_4 任一键按下时，CD4511 输出端 d 为低电平或 g 为高电平，这两种状态必有一个存在或都存在，迫使 CD4511 的 LE 端由低电平变为高电平，此时电路锁存，显示抢答位，并且 BCD 码输入不起作用。

7. 复位

为了进行下一轮的抢答，须先按下复位键 S_5。按下的瞬间，CD4511 的 4 脚即 $\overline{BI}$ 消隐端瞬间接地，使得消隐端有效，数码管熄灭，使 LE 由高电平转为低电平，从而清除锁存器内的数值，同时 S_5 弹起后，4 脚回到高电平，消隐不起作用。数码显示并再回复到"0"状态，即可进行下一轮抢答。

【课堂练习】

1. 本电路中 NE555 的作用是产生＿＿＿＿＿＿＿，由 3 脚输出驱动无源蜂鸣器。
2. 无源蜂鸣器可以用万用表的＿＿＿＿＿＿挡位检测其好坏，如果测出的阻值与标称值不符，说明元件＿＿＿＿。
3. 当按下按键后，数码管有相应显示，但不能够锁存，应该测量 CD4511 的第 5 脚锁存端是否是高电平。（　　）
4. 当二极管 VD_9 开路，则会出现显示"2"、"3"、"4"时不锁存的故障。（　　）
5. 按住复位键 S_5，数码管应该显示＿＿＿＿＿＿＿＿。
6. 当电阻 R_{14} 出现开路现象时，抢答器将出现什么故障？＿＿＿＿＿。
7. 当二极管 VD_5 出现开路现象时，抢答器将出现什么故障？＿＿＿＿＿。
8. 当二极管 VD_3 装反时，抢答器将出现什么故障？按＿＿＿＿（填按键位号）键时，显示＿＿＿＿＿的故障。

【评　价】

任务二　四路数显抢答器的制作

【学习目标】

◆ 学习表面安装技术的 PCB 图设计方法。
◆ 学习编制简单工艺文件的能力。
◆ 学会检测贴片半导体元件。
◆ 掌握贴装电路装配、焊接的技能。

【贴片晶体管的识读】

一、贴片二极管

常见的贴片二极管有无引线柱形玻璃封装和片式塑料封装两种，如图 13-7 所示。圆柱形片式二极管没有引线，将二极管芯片装在具有内部电极的细玻璃管中，两端装上金属帽作正、负极。塑封封装二极管一般做成矩形片状，小电流型如1N4148封装为1206，大电流型如1N4007的封装一般尺寸为5.5 mm×3 mm×0.5 mm。

贴片二极管的测量方法：与同型号的通孔元件相同。

图13-7 贴片二极管

二、贴片三极管

贴片三极管被称为芝麻三极管（体积微小），采用SOT-23、SOT-89、SOT-143等封装。贴片三极管也分为NPN管和PNP管，普通管、超高频管、高反压管、达林顿管等。常见的矩形片式普通NPN型三极管如图13-8所示。

三极管引脚如图13-9所示。

图13-8 贴片三极管外形 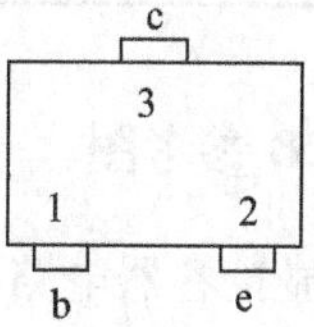　　　　　　图13-9 贴片三极管引脚

贴片三极管与对应的过孔器件比较，其体积小，耗散功率也较小，其他参数及性质类似。

贴片三极管的测量方法：其引脚如图13-9所示，测量方法与通孔元件相同。

【课堂练习】

1. 常见的贴片二极管分_____形、_____形两种。
2. 贴片元件中如果元件有3个引脚，说明元件是三极管。（　　）
3. 指出该元件   类型并标出正负_____，测量时应该用_____挡。
4. 指出该元件  是_____。在图中标出引脚。
5. 检测贴片半导体的方法与通孔元件_____。

【评　价】

【绘制PCB图】

在本次的项目制作中，比较困难的是绘制PCB图，元件多、小，在绘制图中要求元件的布局合理，符合生产工艺要求，电路的排版、连线比较复杂，要花费较长的时间和精力，

需要同学们认真、耐心对待。

一、元件封装

本电路采用贴片元件制作，除了电解电容和蜂鸣器、数码管采用直插元件，其余均采用贴片元件。贴片元件的封装形式如表 13-5 所示。

表 13-5 贴片元件的封装形式

型号	封装形式	型号	封装形式
贴片电阻	CR2012-0805	轻触按键	自绘
贴片电容	CC2012-0805	七段数码管（共阴）	LEDDIP-10/C15.24RHD
电解电容	CAPPR2-5x6.8	蜂鸣器	自绘或修改
三极管	SO-G3/Z3.3	CD4511	SO-G16/Z8.5
$VD_1 \sim VD_{10}$	DSO-F2/D6.1	NE555	SO-G8

二、PCB 参考图

四路数显抢答器电路 PCB 参考图如图 13-10 所示。

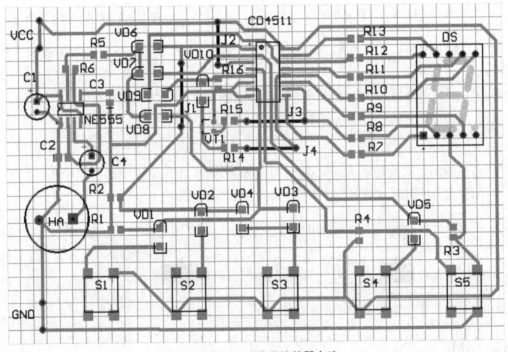

图 13-10 四路数显抢答器电路

说明：
(1) J_1、J_2、J_3、J_4 是短连线，装配到底层即"Bottom Layer"。对于通过单面布线不能连通的情况，可以通过在元件面用金属线跨接的方式连接。

(2) 通孔元件装配在顶层即"Top Layer"，不能插到底，否则不好焊接。对于电解电容，焊好后采取卧式放置形式。

(3) 绘制按键封装时注意在"Top Layer"绘制，其他与通孔元件的封装绘制相同。

(4) 为了调试方便，在参考图中的"VCC"、"GND"处分别安装一个连接线柱，便于接电源，也可以另外设计电源插口做电源输入。

三、图纸打印

将绘制的 PCB 图按照 1∶1 比例打印出来,按照印刷电路板的制作方式完成电路板的制作。

四、印刷电路板的检测

对于蚀刻好的电路板,可以通过万用表和目测的方法检查导线之间是否有短路和开路现象。如有,对照原理图和 PCB 图将短路的线路割开,将开路的导线连接上。

★ 提示:

可以采取自制 PCB 板的方式制作四路数显抢答器,也可以通过购买套件的方式组装。

【准备工作】

下面利用【做中学】的方式完成电路制作的准备工作。

【做中学】

1. 工具:_____、_____、_____等。
2. 仪器仪表:_____,_____,_____。
3. 将元件清单列在表 13-6 中。

表 13-6 元件清单

元件	规格	数量	元件	规格	数量

【评 价】

【装　配】

一、检测元件

准备好制作的元件，注意清点元件数量是否正确，并且用万用表测量元件好坏，将坏元件挑出。

二、电路装配

根据绘制好的 PCB 图，将相应元件焊接上，要求按照表面焊接工艺要求操作。

【做中学】

1. 测量二极管，分清正负极，记录数据_____。负极的标记是_____。
2. 区分三极管的 e、b、c 三极，标出管型_____（NPN，PNP）、型号_____。
3. 测量贴片电容，容量为____。写出电解电容的参数____μF/____V，____μF/____V。
4. 手工焊接的工具_____，_____。
5. 写出焊接贴片集成块的技巧。
_____。

【评　价】

任务三　电路调试及故障分析与排除

【学习目标】

◆ 学习电路调试方法。
◆ 学习贴装电路的维修技能。

【四路数显抢答器的调试】

一、初步调试

1. 目测检查

对已完成装配、焊接的工件仔细检查质量，重点是装配的准确性，包括元件位置、元件引脚正负极性是否都装对、IC方向是否正确；接线是否有差错；焊点质量是否有虚焊、漏焊、搭焊及空隙、毛刺等；元件成形及安装方式是否符合工艺要求。

2. 用万用表检查

将数字万用表拨到电阻挡或蜂鸣挡。

（1）检查集成块的脚位相互有无短路。

分别测量集成块的相邻引脚，电阻不能为零。如出现电阻为零的现象，应分析原因判断是否正常。在本电路中，短路是不正常的，应找出短路的原因。

（2）检查关键点对地有无短路现象。

用万用表的表笔（不必分正负）一端接地线，另一端接测量点。

测量集成块的各引脚电阻，除集成块的地线（CD4511的第6脚）电阻应为零，其余不能为零，否则说明电路短路。

测量编码二极管的负极对地电阻，电阻不能为零，否则按下按键后会使二极管损坏。

【课堂练习】

思考：根据原理图，分析为什么编码二极管的负极对地电阻为零时会损坏编码二极管呢？

_____

_____

【评　价】

二、性能调试

经过初步调试后，可以进行通电调试了。

（1）将稳压电源电压输出调至5 V，接到抢答器的电源输入端，不能接错，否则会将集成块烧坏。

（2）打开电源，这时数码管应为"0"，按4个按键中的一个，数码管应显示相应的"数"，同时，蜂鸣器发出"嘀"声，松开按键，声音停止，数码管的显示保持原状态不变。

（3）分别按其余的按键，数码管显示应保持原状态不变，但蜂鸣器会响。按S_5复位键，显示为"0"。

（4）再次按键，应该显示相应的"数"，发出声音，松开按键，声音停止，数显保持不变。

调试出抢答器的功能要求，本电路制作完成。

通过调试出现问题，需进入下一步维修检查工作。

【做中学】

1. 测量电路电压值并记录在表格中（自绘）。

（1）测量按住按键"S_4"时 IC_1、IC_2、VT_1 的各脚电压。测量松开按键"S_4"时，IC_1、IC_2、VT_1 的各脚电压。

（2）分析电路锁存的工作过程：
_____
_____
_____

【评 价】

【故障分析思路】

要维修电路故障，必须了解电路的工作原理，四路数显抢答器由三大部分组成，如图 13-11 所示。

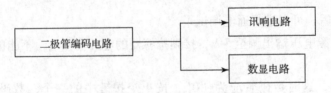

图 13-11 四路数显抢答器的组成框图

每个部分有相应的功能，在电路发生故障时，要会分析故障所在部位，将故障范围缩小，通过对电路的电压、电阻等参数的测量和分析，找出故障。

【故障案例讲解】

我们分析几个实例，来了解检修的思路和运用维修方法的技巧，抛砖引玉，使同学们能够举一反三，找出故障点并维修好电路。

一、故障现象：接上电源，数码管没有点亮

1. 故障分析

经过判断，这是个数码管没有亮的故障。首先，我们要了解数码管发光的原理，前面我们学习了数码管的工作原理，实际上数码管是由发光二极管组成的，所以，在本电路中，当数码管的笔段与公共端加入一定的电压时（实际是使二极管流过电流）发光管应点亮。我们根据电路图，知道数码管供电是由集成块 CD4511 提供的。通过电路原理的分析，我们对故障就有了一个大致的判断，故障范围在 CD4511 及数码管电路，包括电源供电。

2. 检修过程

这时我们可以测量一下电源电压，如果正常，我们再测量 CD4511 各引脚的电压，如果供电端 16 脚正常，检查 4 脚消隐脚电压是否为 "0"，如是，就要检查 4 脚有无短路。如果 4 脚正常，3 脚也正常，可能是 CD4511 损坏，可以换一个新的试一试，这叫替换法；如果 CD4511 电压输出正常，则可能是数码管有问题。

3. 维修结果

找出故障的原因，将损坏的元件换掉，或将错误的连线改正即可。维修完毕后，调试一下电路，再次检查电路是否正常。

二、故障现象：按 S_1 键，显示 "3"，其余正常

1. 故障分析

通过故障现象，结合电路原理，我们发现故障应在编码电路及数显电路。而且其余正确说明，只有与按键 "S_1" 有关部分有故障。理由是：

（1）按 S_1 时，编码应为 "0001"。由于电路连线错误，按 S_1 时，却变成 "3" 的编码 "0011"，这时 CD4511 译码器收到编码 "0011"，输出见表 13-7，使数码管显示 "3"。

表 13-7 数码管显示 "3" 的输出

a	b	c	d	e	f	g
1	1	1	1	0	0	1

（2）如果编码正确，由于 CD4511 内部对于编码 "0001" 译码出现问题，使数码管显示 "3"。

2. 检修过程

给抢答器电路加电，按住按键 S_1，用万用表电压挡测量 CD4511 的编码输入端 A、B、

C、D 即 7、1、2、6 脚的电压值，如果发现电平为"0011"（分别对应 6、2、1、7 脚）表明编码有问题，要检查二极管 VD_2 或 VD_4 的连接是否正确，是不是 VD_2 或 VD_4 的正极连接到了 VD_1 的正极。如连接错误，改正。如果用万用表电压挡测量 CD4511 的编码输入端电压值，发现电平为"0001"（分别对应 6、2、1、7 脚），表明编码电路正确，可以用替换法换 CD4511 试一试。在本故障中，第一种情况出现的可能性很高，应重点检查编码电路。

维修完毕后，调试一下电路，再次检查电路是否正常。

三、故障现象：按键后，数字显示和声音提示正常，但显示不能锁存，即松手后，复位为显示为"0"

1. 故障分析

本故障的原因是电路不能锁存，其余的功能正常，故障范围在 CD4511 电路中，CD4511 电路方框图如图 13-12 所示。

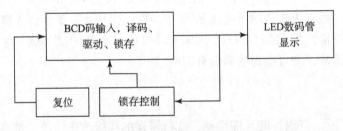

图 13-12　CD4511 电路方框图

为防止抢答器在多个按键按下时无法判断按键哪个优先按下，真正起到"抢答"的作用，要求按键按下后，数码管显示不变，其余按键不再起作用。故在电路的设计中，CD4511 输出笔段中 b、d、g 功能脚与 R_{14}、R_{15}、R_{16}、VD_9、VD_{10}、VT_1、CD4511 构成了锁存电路，除"0"显示外的其他"数"显示时，在 CD4511 的 5 脚形成高电平，使外部编码信号输入无效，保证了其余按键不再起作用。经过原理的分析，我们有检查的思路了。

2. 检修过程

首先测量 CD4511 的 5 脚电压，如果测量的电压没有或者较低（小于电压的 2/3 V_{CC}）。表明电路的故障是由于 5 脚锁存电压有问题，例如，按 S_1 时，电路不锁存，测量 5 脚电压，没有。分析原因：

（1）CD4511 的 5 脚对地短路。对于是否短路，可以用万用表电阻挡测量 CD4511 的 5 脚对地电阻值即可判断。

（2）没有电压输入到 CD4511 的 5 脚上。由于数码管显示"1"，笔段是 b、c 为高电平，锁存端由 b 段（CD4511 的 12 脚）的电压经过 R_{14}、VD_{10} 到 CD4511 的 5 脚。数码管显示"1"，表明 b 段有电压，这时测量 R_{14} 两端是否有电压，如都没有，则 R_{14} 没有连接到 CD4511 的 12 脚，如果 R_{14} 一端有电压，另一端与 VT_1 的 c 极连接端无电压，要检查①R_{14} 是否开路；②VT_1 导通或者 VT_1 的 c、e 间击穿短路的情况。注意 VD_{10} 的正极与三极管 VT_1 的 c 极相连，当 VT_1 导通时，VT_1 的 c 极电压为零。具体的检查可用电阻挡测量 VT_1 的 c 极是否对地短路，VT_1 的 b 极电压是否为 0.7 V 电压来判断分析。找到故障原因后，将错误纠正即可。

维修完毕后，调试一下电路，再次检查电路是否正常。

四、故障现象：其他功能正常，只是没有声音

1. 故障分析

从现象分析，只是电路中的讯响电路有故障。本电路中声音是由 NE555 电路产生的，NE555 组成了音频多谐振荡电路，与前面介绍的"叮咚"门铃电路基本相同，在本电路中，R_5 加上电压后，电路振荡，由 NE555 的 3 脚输出音频信号，驱动蜂鸣器发声。没有声音的原因有以下 3 种：

（1）电压没有加到 R_5 上。
（2）NE555 电路没有振荡。
（3）蜂鸣器坏。

2. 检修过程

（1）电压没有通过 VD_6、VD_7、VD_8 的一支加到 R_5 上。当按键按下时，用万用表测量 R_5 与二极管相连端是否有电压，如没有，先检查 VD_6、VD_7、VD_8 是否开路，其负极是否对地短路。若不是，则顺着 VD_6、VD_7、VD_8 正极端查找电压不能到达 VD_6、VD_7、VD_8 正极的原因。

（2）如按键按下时电压已加到 R_5 上，则要检查 NE555 电路的振荡元件是否正常，如定时电阻 R_5、R_6、C_2 电容连线是否正确等。

（3）用万用表电阻挡测量蜂鸣器的电阻值，看看是否符合正常值的要求。若有问题，则换掉。

维修完毕后，再次调试一下电路，检查整机电路是否正常。

【做中学】

维修出现的故障。
故障现象：_____
故障原因分析：_____
_____
_____

检测、分析过程：_____
_____
_____
_____
_____

故障点：_____

故障处理：_____

总结：（1）成功的经验_____

_____

_____

（2）教训_____

_____

【评　价】

训练与巩固

一、填空题

1. 本电路的贴片三极管的型号为_____。
2. 贴片集成块 CD4511 的封装形式为_____。
3. CD4511 锁存端的作用是将 BCD 码译出的段码输出_____，锁存端是_____电平有效。
4. 本电路中编码二极管的负极不能_____，否则会使二极管_____。
5. 维修时采用的维修方法有_____，_____，_____，_____。

二、单项选择题

1. 绘制贴片元件 PCB 图时，元件的封装形式（　　）。
   ①任意绘制　　　②与实物匹配　　　③一定要在封装库中找　　　④在原理图库中找
2. 当按下 S_3 这个按键，在 CD4511 输入端形成的编码是（　　）。
   ①　1100　　　②0110　　　③0011　　　④1001
3. 当按下按键 S_3 时，数码管显示"1"，按其他按键都正常，说明（　　）。
   ①编码出现错误　　　　　　　②数码管坏了
   ③NE555 电路有问题　　　　　④CD4511 锁存有问题
4. 按下任意键，数码管显示正常，但蜂鸣器不发出声音，说明（　　）最有可能出现问题。
   ①编码出现错误　　　　　　　②电源
   ③NE555 电路有问题　　　　　④CD4511 锁存有问题
5. 电容 C_4 在电路中的作用是（　　）。
   ①滤波　　　　　②整流　　　　　③耦合　　　　　④定时

三、多项选择题

1. 电路的制作准备应该做到（　　）。

①图纸准备　　　　②材料准备　　　　③工具准备　　　　④心理准备

2. 四路数显抢答器是由（　　）电路组成的。

①编码电路　　　　　　　　　　②BCD 译码/锁存/驱动

③讯响电路　　　　　　　　　　④数码管显示

3. 按下 S_1 按键抢答，结果数码管显示没有变化，声响也没有，可能的原因是（　　）。

①S_1 按键开路　　②VD_2 开路　　③电源未接好　　④VD_{18} 开路

4. 装配好电路后应该进行调试，包括（　　）。

①不通电检测元件是否装配正确　　②不通电检测电源端是否短路

③通电调试　　　　　　　　　　　④检查抢答器各个功能是否正确

5. 调试时发现按下按键，蜂鸣器都能够发出声音，但数码管无显示，故障可能是（　　）。

①数码管坏　　　　　　　　　　②CD4511 坏

③S_9 对地短路　　　　　　　　④CD4511 未接上电源

四、判断题（正确的打"√"，错误的打"×"）

1. 贴片元件装配在"Bottom Layer"。（　　）

2. CD4511 焊接时需要将每个脚与相应焊盘对准，在对角位置加焊以便固定芯片。（　　）

3. 当按下按键后，数码管有相应显示，但不能够锁存，应该测量 CD4511 的第 5 脚锁存端是否是高电平。（　　）

4. 接上电源后，数码管没有显示，按键时也无声音出现，应该重点检查电源是否正确接入。（　　）

5. 讯响电路中的 C_2 容量如果变大了，那么蜂鸣器的声调（频率）比原来的高。（　　）

五、简述题

1. 简述自己绘制 PCB 图的思路及过程，过程中有无碰到难题？你是怎么解决的？分享你的设计技巧。

2. 评点自己的 PCB 图是否符合 PCB 设计的原则。

3. 在调试过程中出现了什么故障？你是如何排除的？把检修思路详细写出来。

4. 写一份四路数显抢答器的说明书。

5. 完成项目制作的实训报告。

参 考 文 献

[1] 华成英. 模拟电子技术基础 [M]. 北京：高等教育出版社, 1980.
[2] 阎石. 数字电子基础 [M]. 北京：高等教育出版社, 1983.
[3] 柳淳. 电子制作技能与技巧 [M]. 北京：中国电力出版社, 2008.
[4] 孟贵华. 电子技术工艺基础 [M]. 北京：电子工业出版社, 2005.
[5] 曹振平, 等. 电子技术实训 [M]. 北京：电子工业出版社, 2009.
[6] 徐伟刚. 电子技能实训及制作 [M]. 西安：西安电子科技大学出版社, 2008.
[7] 黄士生. 电子专业技能训练 [M]. 北京：中国劳动社会保障出版社, 2008.
[8] 谈世哲. Protel DXP 2004 电路设计基础与典型范例 [M]. 北京：电子工业出版社, 2008.
[9] 倪燕. Protel DXP 2004 应用于实训 [M]. 北京：科学出版社, 2008.
[10] 汪明添. 电子元器件 [M]. 北京：北京航空航天大学出版社, 2008.